Tourismusfachwirt - Das prüfungsrelevante Wissen

Teil 2

Sarastro

Tourismusfachwirt - Das prüfungsrelevante Wissen
Teil 2

1. Auflage | ISBN: 978-3-94190-263-3

Erscheinungsort: Paderborn, Deutschland

Sarastro GmbH, Paderborn.

Tourismusfachwirt - Das prüfungsrelevante Wissen

Teil 2

Sarastro

BERUFLICHE WEITERBILDUNG LEHRBÜCHER

Tourismusfachwirt – Das prüfungsrelevante Wissen
Teil 2

von Dr. Thomas Padberg

Sarastro

ISBN 978-3-941902-63-3   1. Auflage
© Sarastro GmbH, Paderborn, 2010

Vorwort

Das vorliegende Lehr- und Arbeitsbuch dient dem Einsatz in der Erwachsenenbildung. Es bereitet Kursteilnehmer in allen Lehrgängen zum Tourismusfachwirt auf den handlungsbezogenen Teil vor.

Inhaltlich besteht das Werk aus vier Teilen:

1. Grundlagen des Tourismus
2. Tourismus Management
3. Tourismus Marketing
4. Betriebsspezifisches Management

Es ist nicht das Ziel, die gesamte Theorie zu diesen Teilen abzubilden, sondern sich auf die Teile zu konzentrieren, die wirklich prüfungsrelevant sind. In Anlehnung an bisherige Prüfungen wurden deshalb die Teile betrachtet, die in Prüfungen abgeprüft wurden. Deshalb wird man zu manchem Kapitel Inhalte sicherlich vermissen. Dies ist aber bewusst so vorgenommen worden, um das Unwesentliche aus dem Buch herauszustreichen.

Dieses Buch ersetzt damit nicht die normalen Lehrhefte, sondern ergänzt diese, um die direkte Prüfungsvorbereitung zu erleichtern.

Für konstruktive Kritik und Anregungen sind der Verfasser und der Verlag stets dankbar. Bitte schreiben Sie uns an: tpadberg@trapeza.de

Paderborn, im Oktober 2010

Thomas Padberg

Inhaltsverzeichnis

1 Grundlagen des Tourismus

1.1 Begriffsbestimmungen, Kennwerte und Statistik

1.1.1 Definitionen im Tourismus

1.1.1.1 Tourismus, Touristik und Tourist

Unter Tourismus versteht man insbesondere in der angelsächsischen Welt die temporäre Bewegung bzw. Reise von Personen in solche Destinationen, die sich außerhalb ihrer normalen Arbeits- oder Wohnstätte befinden.

Die Tourismusarten beantworten die Fragen nach dem „Warum und Wohin wird gereist?". Es geht damit um den Reiseinhalt (Geschäfts-, Studien-, Bildungs-, Urlaubsreise, etc.), das Reisemotiv (Arbeit, Erholung etc.) und das Reiseziel (Fernreise, Inlandsreise, etc.).

Bei der Tourismusform geht es dagegen um die Frage nach „Wie wird gereist" und „Wer reist". Es geht um die Reisedauer (kurzer Ausflug, Kurzreise, etc.), den Reisezeitpunkt (Hauptsaison, Nebensaison, etc.), die Reisemittel (Flugzeug, Auto, etc.), die Reiseorganisation (pauschal, individuell, etc.) und die Reiseteilnehmer (Senioren, Erwachsene, Kinder, etc.). Möglichkeiten sind: Jugendtourismus, Sommer-/Wintertourismus, Individualtourismus, Seebändertourismus, Bahntourismus, Ferienhäusertourismus oder Pauschalreisetourismus.

Reisen lassen sich in

- Urlaubs- und Erholungsreisen,

- Messe-, Kongress- und Tagungsreisen sowie

- Geschäfts- und Dienstreisen

unterteilen.

Urlaubs- und Erholungsreisen dienen der Gesundheit, der Regeneration, dem Vergnügen oder der Erlebnis. Messe-, Kongress- und Tagungsreisen fördern Bildung oder Information. Geschäfts- und Dienstreisen dienen geschäftlichen Gründen.

1.1.1.2 Reiseverkehr, Reise, Phasenschema des Reisens

Eine Reise gliedert sich in drei Teile:

1. Reiseplanungs- und Reisevorbereitungsphase

2. Reisedurchführungsphase

3. Reisenachbearbeitungsphase

In die Reiseplanungs- und Reisevorbereitungsphase gehören Dinge wie Informationen einholen, Visum beantragen, Impfungen vornehmen lassen etc.

In der Reisedurchführungsphase wird die Reise in Anspruch genommen, die Übernachtungen werden „vorgenommen" usw.

Die Reisenachbearbeitungsphase ist – bei positivem Verlauf – etwa dem Entwickeln von Fotos vorbehalten. Bei negativem Verlauf werden dagegen Reklamationen etc. fällig.

1.1.1.3 Touristische Leistungsträger

Unter touristische Leistungsträger werden alle Unternehmen verstanden, deren Leistungen von einem Reiseveranstalter zur Erstellung einer Pauschalreise gebündelt werden bzw. von einem Reisemittler an den Kunden verkauft werden.

Zu den touristischen Leistungsträgern zählen damit:

- die Transportbetriebe wie Bahn, Bus oder Flugzeug,

- die Betriebe des Kur- und Bäderwesens,

- Agenturen in den Zielgebieten,

- Fahrzeugvermietungen,

- Sportbetriebe,

- alle Unternehmen, die Dienstleistungen im Zusammenhang mit einer Reise erbringen, wie Kreditkartenunternehmen, Wechselstuben, Betreiber von Reservierungssystemen,

- u. ä.

1.1.1.4 Touristische Segmente (Arten und Formen)

Die touristischen Segmente lassen sich unterschiedlich klassifizieren. Eine gängige Unterteilung des Statistischen Bundesamtes ist die in:

- Tagestourismus,

- Städtetourismus,

- Übernachtungstourismus,

- Touristik- und Dauercamping,

- Wandertourismus und

- Fahrradtourismus.

Ein weiteres touristisches Segment ist der Kreuzfahrtmarkt. Hierzu zählen die folgenden Teile:

- Clubschiffe: sprechen jüngere Menschen an, zwangslose Atmosphäre, Sportangebote und Animation;

- Flusskreuzfahrten: Zielgruppe sind Menschen aller Alters- und Einkommensgruppen, die dem Wasser sehr zugeneigt sind, aber Sicherheit bevorzugen;

- Schiffskreuzfahrten: sehr unterschiedliche Zieldestinationen (Polregionen, besondere Inseln, entsprechend unterschiedliche Zielgruppen.

1.1.2 Kennwerte und Methoden ihrer Erfassung und Interpretation

1.1.2.1 Absolute Werte

Absolute Werte erfassen Mengen. Die wichtigsten absoluten Werte sind:

- Reisehäufigkeit = Anzahl der Reisen der über 14-Jährigen im Erhebungszeitraum

- Zahl der Ankünfte

- Zahl der Übernachtungen

- Kapazität an Betten

- Kapazität an Zimmern

12

- Kapazität an Plätzen

- etc.

1.1.2.2 Relative Werte

Relative Werte setzen Mengen in Bezug zu Vergleichsgrößen. Wichtige Kennzahlen
sind:

- Übernachtungsintensität/Fremdenverkehrsintensität = Anzahl der Übernachtungen / 100 Einwohner

- Reiseintensität = Anteil der Bevölkerung über 14 Jahre, die im Erhebungsjahr
  eine Reise von mindestens fünf Tagen unternommen haben

- etc.

1.1.2.3 Methoden der Datenerfassung, -auswertung und –darstellung

Zur Darstellung von statistischem Zahlenmaterial stehen unterschiedliche Möglichkeiten zur Verfügung. Es lassen sich tabellarische Darstellungen und grafische Darstellungen unterscheiden.

Tabellen enthalten grundsätzlich Zeilen und Spalten. Man unterscheidet Quellen-
und Aussagetabellen. Quellentabellen enthalten das statistische Ausgangsmaterial.
Sie sind dadurch gekennzeichnet, dass nur der „Fachmann" in der Lage ist, sie zu
lesen. Die Aussagetabelle ist dagegen so aufbereitet, dass auch ein Nichtfachmann
verstehen kann, was sie beinhaltet.

Grafiken dienen der Veranschaulichung von Tabellenmaterial. Die wichtigsten grafischen Darstellungsformen sind:

- Säulendiagramm

- Balkendiagramm

- Liniendiagramm

- Piktogramme

- Streuungsdiagramme

-     Kreisdiagramme

Die wichtigsten statistischen Maßzahlen sind

- Mittelwerte

- Streuungsmaße

- Verhältniszahlen

- Indexzahlen und

- Zeitreihen

Zu den Mittelwerten gehören

- das arithmetische Mittel

- der Median

- der Modus

- das geometrische Mittel

Zur Erläuterung bedienen wir uns eines praktischen Beispiels. Folgende Merkmalsausprägungen wurden beobachtet:

{1; 2; 1; 0; 1; 2; 1; 0; 1; 2; 2; 1; 1; 0; 1}

Der Modus bezeichnet den häufigsten Wert. Dies ist im Beispielfall die "1". Der Medi-
an stellt den Wert dar, der in geordneter Form in der Mitte steht. Geordnet sieht die
Zahlenreihe wie folgt aus: {0; 0; 0; 1; 1; 1; 1, 1; 1; 1; 1; 2; 2; 2; 2}. Der Wert in der
Mitte ist bei 15 Elementen der achte Wert. Dies ist hier die "1".

Das arithmetische Mittel ist der Durchschnittswert der Reihe. In der Summe ergeben
die Merkmalsausprägungen 16. Bei 15 Beobachtungswerten ergibt sich ein arithme-
tisches Mittel von 16 / 15 = 1,0667.

Das geometrische Mittel wird berechnet, wenn der Unterschied zwischen Merkmalsausprägungen nicht aus der absoluten Differenz, sondern aus dem Verhältnis
stammt. Deshalb macht die Berechnung hier keinen Sinn.

Zu den Streuungsmaßen gehören:

- die Spannweite

- die Varianz sowie

- die Standardabweichung

Die Spannweite zeigt die absolute Entfernung zwischen dem größten und dem kleinsten Wert an, im Beispiel 2 (Differenz zwischen 0 und 2).

Die Varianz ergibt sich aus der Summe der quadrierten Abweichungen vom Mittelwert, geteilt durch die Anzahl der Elemente.

Hier: $(0-1,0667)^2 + (0-1,0667)^2 + (0-1,0667)^2 + (1-1,0667)^2 + ... = 6,933$. Der Wert wird noch die Zahl der Elemente, also 15, geteilt. Damit ergibt sich 0,4622 als Varianz (genauer muss durch die Zahl der Elemente minus 1 geteilt werden, also 14. Dann ergibt sich 0,495!).

Die Standardabweichung ist die Wurzel der Varianz. Sie beträgt im Beispiel 0,704.

Verhältniszahlen zeigen - wie es der Name schon sagt - das Verhältnis zweier Zahlen an. Dies macht beispielsweise dann Sinn, wenn der Zähler Teil des Nenners ist. Bei 80 Mio. Einwohnern wohnen im Bundesland X 16 Mio. Damit beträgt der Anteil 16 / 80 = 20%.

Indexzahlen beziehen eine Zahl auf einen bestimmten Index. Beispielsweise soll die Bevölkerungsentwicklung, basierend auf dem Jahr 2000 berechnet werden. Dann ist das Jahr 2000 die Basis für alle Verhältniszahlen, die im Folgenden berechnet werden.

Die Zeitreihe stellt eine Entwicklung im Zeitablauf dar. Wenn die Bevölkerung sich von 2000 bis 2008 entwickelt hat, stellt die Zeitreihe zwischen diesen Jahren die Entwicklung in den einzelnen Jahren fest.

1.2 Entwicklung des Tourismus

1.2.1 Entwicklung der Rahmenbedingungen

Die Motive für Reisen haben sich im Zeitablauf drastisch verändert. Standen ursprünglich Entdeckungsreisen im Vordergrund, hat sich der Grund der Reise mehr und mehr Richtung Erholung u. ä. verändert. Heutzutage sind die Motive für Reisen vielfältig:

- Erholung (Erholungstourismus, Naherholung, etc.),

- Sport (aktiver und passiver Sporturlaub),

- Kultur (Bildungsurlaub, Sprachurlaub, etc.),

- Besuche von Freunden, Verwandten,

- Prestige („Belohnungs"urlaub, etc.),

- etc.

1.2.2 Entwicklung des Reisens

1.2.2.1 Historische Formen

Der Tourismus begann in der heutigen Form im 19. Jahrhundert, als Thomas Cook die Pauschalreise „erfand". Gereist wurde damals mit Bahn oder Pferd bzw. Kutsche. Reisen dienten damals eher Naturerlebnissen oder Kuren und waren – aufgrund der hohen Kosten – der Oberschicht vorbehalten.

1.2.2.2 Tourismus in der Gegenwart

Im 21. Jahrhundert wird dagegen mit Auto oder Flugzeug gereist. Reisen dienen der Regeneration oder der Freizeit und stehen allen Schichten zur Verfügung.

1.2.3 Trends im Tourismus

Die Trends im Tourismus ergeben sich aus vielerlei Entwicklungen:

- Grenzen des touristischen Wachstums in den traditionellen Reiseländern,

- Verdrängungswettbewerb,

- Diversifizierung in neue Reiseländer und –formen,

- technische Entwicklung bei Verkehrsträgern,

- demographische Entwicklung,

- Naturkatastrophen und terroristische Anschläge,

- politische Veränderungen wie Putsche.

1.2.3.1 Touristische Nachfrage

In der touristischen Nachfrage haben sich in den letzten Jahren mehrere Trends etabliert:

- weiterhin ist die klassische Pauschalreise ein Schwerpunktfeld. Vorteile sind der feste Gesamtpreis, die Sicherheit, für alle bezahlten Leistungen eine Gegenleistung zu erhalten und der einzige Ansprechpartner, den man hat;

- gerade durch die Möglichkeiten des Internets ist der Trend hin zu individuellen Leistungsbuchungen ungebrochen. Hier kann der Reisende alle Leistungen nach seinen Wünschen buchen und entsprechend einzelne Anbieter nach Preis-/Leistungs-Relationen buchen. Daneben ist das Internet unabhängig von irgendwelchen Öffnungszeiten immer „geöffnet" und es sind einfach Preisvergleiche möglich;

- der Trend geht stark in Richtung zielgruppenspezifischer Angebote, etwa Städtereisen, Wellnessreisen, Golfreisen, Musicalreisen, etc.;

- durch die Angebote der Billigflieger sind auch entferntere Ziele relativ günstig erreichbar, so dass sich Angebote aus Billigfliegern und Hotels koppeln lassen;

- auch aufgrund der Entwicklungen im Internet stellt der Preis den für viele Kunden entscheidenden Kauffaktor dar. Der Trend geht stärker in exotische Zielgebiete, wobei die Verfügbarkeit von Informationen entscheidend ist.

1.2.3.2 Touristisches Angebot

Die verschiedenen Trends im Tourismus haben auf der Anbieterseite zu deutlichen Änderungen geführt. Bedingt durch das sinkende Wachstum durch die Sättigung in den traditionellen Reiseländern ist es zu einer Konzentration in der Tourismusbranche gekommen, bei der sich wenige große Tourismuskonzerne wie Tui Travel oder Thomas Cook entwickelt haben. Daneben haben sich aber auch Spezialanbieter gebildet, die, insbesondere auch durch die Möglichkeiten des Internets, besonders lukrative Bereiche des Tourismus anbieten und dadurch Kosten- oder Erlösvorteile gegenüber den großen Konzernen aufweisen. Dadurch sind Spezialisierungen möglich – etwa das Angebot nur bestimmter Reiseziele oder bestimmter Reisetypen, etwa

Musicalreisen. Vor dem Internetzeitalter waren solche Spezialisierungen nahezu un-möglich.

Das Internet hat auch für die Anbieterseite eine Reihe von Vorteilen. Der Anbieter bietet sein Reiseangebot zu jeder Tages- oder Nachtzeit an und kann damit unab-hängig von seiner persönlichen Erreichbarkeit jederzeit Erlöse erzielen. Das Angebot kann durch einfache Methoden verändert werden, etwa der Umfang an Reisen aus-geweitet oder eingeschränkt oder die Preise angepasst werden. Zudem lassen sich Reisen mit Bild- oder Videomaterial unterlegen.

1.3 Geographie des Tourismus

1.3.1 Geographische Grundlagen

Das Attraktivitätspotenzial einer Destination untergliedert sich in die Bereiche

- Naturraumpotenzial,

- Kulturraumpotenzial und

- allgemeine Infrastruktur.

Zum Naturraumpotenzial gehören das Klima, Seen, Flüsse oder Waldflächen. Das Kulturraumpotenzial umfasst die Sprache, die in der Destination gesprochen wird, die Religion(en) oder das Brauchtum, das ausgeübt wird. Allgemeine Infrastruktur um-fasst die Hotelsituation, die Anbindung an Flughäfen oder den allgemeinen Zustand der Straßen.

Folgende Begriffe sind im Rahmen der Tourismuswirtschaft u. a. wichtig:

- erholungsräumliches Besucheraufkommen: die Besucherströme, durch die der Zielraum erschlossen wird und damit genutzt werden kann. Es entsteht durch Angebot und Nachfrage;

- erholungsräumliches Potenzial: die gebaute oder natürlich vorhandene Um-welt der nachgefragten Orte, die zu einer Nutzung führen können;

- erholungsräumliche Kapazität: hierunter versteht man das gesamte Aufnah-mevermögen der Zieldestination. Es entsteht durch die vorhandene Infrastruk-tur;

- erholungsräumliche Erreichbarkeit: hierunter versteht man die Erreichbarkeit der Zieldestinationen sowie der Potenziale und Kapazitäten, die sich innerhalb der Zielräume befinden. Die erholungsräumliche Erreichbarkeit ist Vorbedingung für die Realisierbarkeit der Erholungsnachfrage.

1.3.2 Naturraumpotenzial

Die naturräumlichen Bedingungen stellen die Basis für die meisten soziokulturellen Potenziale dar, also die Lebensweise oder die Kulturlandschaft einer Region, aber auch die Wirtschaft.

Gleichzeitig wird die Landschaft durch gesellschaftliche und insbesondere ökonomische Entwicklungen umgestaltet.

1.3.3 Kulturraumpotenzial

Die Besonderheit touristischer Infrastruktur ist, dass sie natürliche und soziokulturelle Potenziale einsetzt. Allgemein ist die Infrastruktur Resultat der ökonomischen und kulturellen Entwicklung, hier setzt sie dagegen die Potenziale ein.

Zum Kulturraumpotenzial gehören:

- kulturhistorische Gegebenheiten und

- soziokulturelle Verhältnisse.

Zu den kulturhistorischen Gegebenheiten zählen:

- Schlösser,

- Museen,

- Windmühlen,

- alte Häuser, Denkmäler,

- etc.

Soziokulturelle Verhältnisse sind u. a.

- Sprache,

- regionale Speisen,

- spezielles Brauchtum,

- Volkstum,

- spezielle Mentalität,

- etc.

1.3.4 Touristische Destination

„Destination wird als geographischer Raum, den der jeweilige Gast (oder ein Gästesegment) als Reiseziel auswählt definiert. Sie enthält sämtliche für einen Aufenthalt notwendigen Einrichtungen für Beherbergung, Verpflegung, Unterhaltung/Beschäftigung. Sie ist somit die Wettbewerbseinheit im Incoming Tourismus, die als strategische Geschäftseinheit geführt werden muss."[1]

Eine touristische Destination ist nicht mit einer politischen Region zu verwechseln. Die touristische Destination kann weit über eine politische Region hinausgehen, was an den Beispielen Nordsee oder Bodensee verdeutlicht werden kann.

Beispiele für touristische Destinationen sind:

- Heilbäder,

- Ferienparks,

- Küstenorte,

- etc.

1.3.5 Räumliche Verteilung der Zentren und Entwicklungsgebiete des Tourismus (weltweit, Europa, Deutschland)

Deutschland lässt sich in die Landschaftsformen

- Küste,

- Tief-/Flachland,

- Mittelgebirge und

- Hochgebirge

---

[1] Gabler Wirtschaftslexikon, http://wirtschaftslexikon.gabler.de/Archiv/89693/destination-v5.html

unterteilen. Landschaftsformen lassen sich nach den Merkmalen

- Klima,

- Gewässer,

- Vegetation und Tierwelt oder

- Relief

beschreiben.

Eine sehr beliebte Urlaubsdestination für die Deutschen ist die Region Mittelmeer. Mit den Staaten Spanien, Türkei, Griechenland sind einige der beliebtesten Reiseziele der Deutschen Teil der Region Mittelmeer. Aufgrund besonderer Vorteile hat sich diese Region zu ihrer Beliebtheit entwickelt. Hierzu gehören kurze Flugzeiten, lange Küsten mit Strandabschnitten, das besondere Mittelmeerklima usw.

1.4 Soziologie und Psychologie des Tourismus

1.4.1 Soziologie des Tourismus

Unterschiedliche verhaltenswissenschaftlichen Ansätze versuchen, die Reiseentscheidung zu begründen. Einer der untersuchten Faktoren ist dabei das Kaufverhalten, wobei vier unterschiedliche Arten betrachtet werden:

- rationales Kaufverhalten: die Reiseentscheidung wird u. a. durch Preisvergleiche getätigt, der Kunde beschäftigt sich umfangreich mit unterschiedlichen Angeboten

- impulsives Kaufverhalten: der Kunde bucht spontan, häufig beeinflusst durch Werbung

- Gewohnheitskaufverhalten: der Kunde bucht seit Jahren den gleichen Urlaubsort, den er „kennt"

- sozialabhängiges Kaufverhalten: der Kunde bucht zu der Zieldestination, die seine „Gruppen" vorgibt

1.4.2 Psychologie des Tourismus

1.4.2.1 Individuelle Grundlagen des Verhaltens

Eine große Bedeutung hat der Begriff des „Bedürfnisses". Bedürfnis ist danach ein Mangelerlebnis, bei dem ein Drang besteht, dass dieses Bedürfnis befriedigt wird. Es lässt sich in drei Arten unterteilen:

1. nach der Dringlichkeit

a. Existenzbedürfnisse

b. Kulturbedürfnisse

c. Luxusbedürfnisse

2. nach der Bewusstheit

a. offene Bedürfnisse

b. latente Bedürfnisse

3. nach der Art der Befriedigung

a. Individualbedürfnisse

b. Kollektivbedürfnisse

Maslow gliedert die Bedürfnisse in eine Pyramide ein, bei der die unterste Ebene die Grundbedürfnisse bilden. Hierunter fallen Essen, Wohnen und Schlafen. Danach kommt die Ebene der Sicherheitsbedürfnisse, zu denen Gesetze, Versicherungen und Vorsorgen gehören und im Urlaub eine immer größere Rolle spielen (Schutz vor Kriminalität, politischen Unruhen, destinationsspezifischen Krankheiten, etc.). Es folgt die Ebene der sozialen Bedürfnisse (Freundschaft, Liebe) und die Ebene der Wertschätzungsbedürfnisse (Anerkennung). Die oberste Ebene bilden die Entwicklungsbedürfnisse, d. h. Selbstverwirklichung und Freude.

Eng mit den Bedürfnissen hängen die „Boomfaktoren" des Reisens zusammen. Mit der Erfüllung der übergeordneten Bedürfnisse wächst das Bedürfnis nach Reisen. Steigende Einkommen, gepaart mit steigendem Wohlstand, steigender Motorisierung, wachsender Mobilität verbunden mit wachsender Freizeit haben den Tourismus „erblühen" lassen. Ebenfalls wirken hier Faktoren wie die Verstädterung und der Wertewandel, die zu einem „Fliehen" in den Urlaub geführt haben. Letztlich hat der Ausbau der Tourismusindustrie in den Zieldestinationen den Wunsch entstehen lassen, fremde Länder zu besuchen.

1.4.2.2 Entscheidungs-, Reise- und Urlaubsverhalten

Laut verschiedenen Quellen sind Freunde bzw. Bekannte die am stärksten genutzte Informationsquelle für den Urlaub. Es folgen die Auskunft im Reisebüro, Prospekte bzw. Kataloge von Reiseveranstaltern, das Internet und Reiseführer.[2]

Insbesondere in Krisensituationen reagieren Urlauber anders, als sie sonst reagieren würden. Anfangs sind sie betroffen und schockiert, wenn eine Krise im Urlaubsland auftritt (Terroranschlag, Naturkatastrophe, etc.). Es folgen Stornierungen oder Umbuchungen. Typisch ist aber, dass nach nur wenigen Saisons die Erinnerungen an solche Krisen „verblassen" und die Urlauber wieder zu den üblichen Urlaubsdestinationen zurückkehren.

1.5 Kulturelle, wirtschaftliche und ökologische Aspekte des Tourismus

1.5.1 Kulturelle und soziale Aspekte

Tourismus fördert das Zusammenkommen von Touristen mit den Inländern der Zieldestination(en).

Dies ist einerseits positiv, da es zu einer Aufwertung der (Urlaubs-)Region kommt oder auch Touristen neue Kulturen kennenlernen. Unter Akkulturation versteht man den Prozess der gegenseitigen Beeinflussung unterschiedlicher Kulturen. Durch gegenseitige Kontakte werden Bedürfnisse geweckt, die Veränderungen im eigenen Verhalten hervorrufen. Die (Urlaubs-)Region erfährt häufig einen wirtschaftlichen Aufschwung. Umgekehrt kann aber auch ein Kulturschock entstehen, wenn es zu einer zu schnellen Tourismusentwicklung kommt, und eine Verwestlichung droht. Es droht der Verlust kultureller Werte und ein Sittenverfall. Auch können soziale Spannungen entstehen, wenn die durch den Tourismus beeinflussten Inländer andere Wertvorstellungen entwickeln als andere Inländer. Letztlich gibt es ökonomische Risiken aus dem Tourismus. So besteht in Urlaubsregionen häufig das Risiko der Sai-

---

[2] http://www.fur.de/fileadmin/user_upload/Newsletter/Newsletter_Sept._09_Informationsquellen.pdf

sonalität von Arbeitsplätzen. Traditionelle Handwerksformen, die in den Urlaubsdestinationen betrieben wurden, verlieren häufig an Bedeutung. Durch die Entwicklung des Tourismus drohen häufig auch steigende Bodenpreise und eine Auswirkung des Tourismus auf die Lebenshaltungskosten.

Daneben bestehen Risiken aus unterschiedlichen politischen oder religiösen Verhältnissen oder aus unterschiedlichem Reichtum.

1.5.2 Wirtschaftliche Aspekte

1.5.2.1 Tourismus in der Volkswirtschaft

Der Tourismus hat in einer Volkswirtschaft fünf wirtschaftliche Effekte bzw. Funktionen:

- Wertschöpfungseffekt: der Tourismus erbringt Wertschöpfung für eine Volkswirtschaft,

- Beschäftigungsfunktion: der Tourismus schafft Arbeitsplätze,

- Einkommensfunktion: Gäste geben Geld aus, das die Einwohner der Destination als Einkommen verbuchen können,

- Ausgleichsfunktion: der Tourismus kann einen Ausgleich zwischen den touristischen Destinationen und den Metropolen bewirken,

- Zahlungsbilanzfunktion: der Tourismus bringt Devisen in ein Land.

Dem Tourismus kommen in der Volkswirtschaft eine direkte, eine indirekte und eine induzierte Wertschöpfungsfunktion zu:

- die direkte Wertschöpfung umfasst solche touristischen Umsätze, die Touristen in der Tourismus- und anderen Industrien ausgeben.

- Indirekte Wertschöpfung umfasst hingegen Ausgaben für Vorleistungen und Investitionen für touristische Leistungen.

- Induzierte Wertschöpfung beinhaltet die Ausgaben, die aufgrund der erhöhten Kaufkraft in der Zieldestination entstehen.

Die Wertschöpfung ergibt sich dabei nach folgender Formel:

Jahresumsatz im Tourismus

./. Vorleistungen

./. Abschreibung

./. indirekte Steuern

= Wertschöpfung

1.5.2.2 Wirtschaftliche Effekte des Tourismus

Der Tourismus erbringt den Anbietern diverse Einnahmequellen. Hierzu gehören beispielsweise:

- Kurtaxen,

- Fremdenverkehrsabgaben,

- Einnahmen aus der angebotenen Infrastruktur

- etc.

In der Zieldestination verläuft die touristische Entwicklung in der Regel in den folgenden Phasen:

1. Anfangsphase: geprägt durch geringe Zahl an Besuchern, insbesondere Forscher und Gelehrte, aber auch Geschäftsleute kommen, Auswirkungen auf das Gastland sind nur sehr gering vorhanden;

2. Anpassungsphase: Tourismus wird so häufig statt, dass er von der Bevölkerung wahrgenommen wird. Es bilden sich Touristenunterkünfte und Restaurants, Kontakte zwischen Besuchern und Einheimischen finden häufig statt. Touristen passen sich den lokalen Gegebenheiten an;

3. Entwicklungsphase: Tourismus wird systematisch insbesondere von staatlicher Seite entwickelt. Ein touristischer Arbeitsmarkt entsteht, der Anteil des Tourismus am Bruttonationaleinkommen steigt an;

4. Stagnationsphase: die touristische Nachfrage stagniert. Der Tourismus ist in den Alltag der Destination eingezogen;

5. Regenerationsphase: es wird versucht, die Potenziale des Tourismus zu erhalten und zu bewahren;

6. Degenerationsphase: die Potenziale werden nach und nach verschlissen. Die Nachfrage bricht ein. Nur durch Erneuerungs- und Weiterentwicklungsmaßnahmen lassen sich die Potenziale wieder erschließen.

Im Verlauf der Entwicklung einer Urlaubsdestination entwickelt sich auch das Angebot. Ursprünglich kommen Urlauber wegen des Klimas, der besondere Kultur und Tradition der Destination. Durch die Tourismusentwicklung verändert sich dies. Im Vordergrund stehen dann die Beherbergungen, die Unterhaltung in der Destination und auch die Verpflegung.

1.5.3 Ökologische Aspekte

1.5.3.1 Ökologische Wirkungen – Tourismus als Verursacher und Betroffener

Der Tourismus hat an verschiedenen Stellen negativen Einfluss auf die Umwelt:

- da Fernreisen mit dem Flugzeug vorgenommen werden, werden große Mengen an CO_2 in der höheren Atmosphäre abgegeben. Gerade dies führt zu einem stärkeren Treibhauseffekt;
- auch bei Nahzielen wird durch die Fahrt mit dem Pkw CO_2 freigesetzt;
- Flugzeuge verbrauchen an den Zieldestinationen große Flächen, da Flughäfen gebaut werden müssen;
- für Autos sind große Parkflächen zu unterhalten;
- Urlauber verbrauchen deutlich mehr Wasser als Einheimische in den touristischen Zielgebieten. Dies kann zu Wasserknappheit führen.

Generell lassen sich harter und sanfter Tourismus unterscheiden:

- harter Tourismus: es erfolgt „hartes Reisen", der Urlauber hat wenig Zeit, nimmt die schnellsten Verkehrsmittel und schädigt damit die Umwelt. Sehenswürdigkeiten werden nicht besucht, sondern „geknipst".
- sanfter Tourismus: Urlaubsform, bei der die Verbindung mit der sozialen und natürlichen Umwelt in der Urlaubsdestination im Mittelpunkt steht. Lokale Güter werden verbraucht, u. a. am lokalen Brauchtum wird teilgenommen.

1.5.3.2 Lösungsansätze

Es sollten Lösungen gesucht werden, die zu einer Verringerung von Emissionen für die Verkehrsnutzung sorgen. Möglichkeiten sind umweltfreundliche Verkehrsmittel wie Bus und Bahn oder auch die Wahl von Flugzeugen mit geringerem Verbrauch. Wasser kann mehrmals im Kreislauf genutzt werden, so dass der Gesamtverbrauch gesenkt wird.

Ebenso lässt sich der sanfte Tourismus fördern. Hierzu gehört beispielsweise die bewusste Förderung der regionalen Besonderheiten ebenso wie eine stärkere Aufklärung der Touristen.

Letztlich führen die gleichen Maßnahmen wie im Herkunftsland des Urlaubers selbst zu ökologischem Nutzen:

- Verwendung von Energiesparlampen,

- Ausschalten von Stand-by-Geräten,

- Wasserspartaste am WC,

- Mülltrennung,

- möglichst kurze Wege,

- Verzicht auf ökologisch bedenkliche Waren (beispielsweise Hochglanzprospekte).

1.6 Marktstrukturen

1.6.1 Touristischer Markt

1.6.1.1 Begriff und Formen

Der touristische Markt ist ein globaler Käufermarkt. Deshalb reagieren die Käufer sehr stark auf politische, wirtschaftliche oder andere Instabilitäten in Zieldestinationen. Problemfelder können sein:

- politische Instabilitäten,

- Naturkatastrophen,

- etc.

Aufgabe der touristischen Leistungsanbieter ist es, angemessen auf solche Instabilitäten zu reagieren, beispielsweise durch Preisanpassungen, Sicherheitsgarantien etc.

1.6.1.2 Leistungs-/Angebotsträger

Auf verschiedenen Stufen werden im Tourismus Produkte oder Leistungen angeboten:

- Reisebüro,

- Reiseversicherung,

- Visabesorgung,

- Reiseliteratur,

- Mietwagen,

- Flug,

- Hotel,

- Ausflüge,

- etc.

1.6.2 Entwicklungstendenzen auf Anbieter- und Nachfragerseite

Es zeigen sich unterschiedliche Entwicklungstendenzen im Tourismusmarkt:

- Konzentration auf der Anbieterseite: in den vergangenen Jahren haben sich mit der Tui Touristik, Thomas Cook oder Rewe Touristik große Tourismusunternehmen gebildet, die eine große Marktmacht auf sich vereinen. Diese Tourismusunternehmen haben eine vertikale Integration betrieben, indem sie aufeinander folgende Dienstleistungsstufen des Tourismus vereinigt haben (Veranstalter, Reisebüro, Zielgebietsagenturen, Hotels, Fluggesellschaften, etc.), und eine horizontale Integration, indem Unternehmen der gleichen Dienstleistungsstufe zusammengeschlossen wurden (Beispiel: ITS Reisen, Dertour);

- Spezialisierung auf Seiten der Anbieter: auf verschiedenen Dienstleistungsstufen haben sich in den vergangenen Jahren Spezielanbieter entwickelt, die den traditionellen Anbietern große Konkurrenz machen. Zu nennen sind hier etwa Internet-Reisebüros, die konzernunabhängig dem Kunden eine große Auswahl an Reisen zu günstigen Preisen anbieten.

- die Bahn bietet beispielsweise den Verkauf von Tickets mittlerweile über drei Wege an:

    o über den Bahnschalter, insbesondere für ältere Menschen, die die anderen Wege nicht nutzen (können),

    o über das Internet sowie

    o über Bahnautomaten.

1.7 Tourismuspolitik

1.7.1 Internationale Tourismuspolitik

Verschiedene internationale Tourismusorganisationen befassen sich auf internationaler Ebene mit der Tourismuspolitik:

- UNWTO: World Tourism Organization, Unterorganisation der UNO. Ziel der WTO ist es, die Entwicklung des Tourismus zu fördern, um zur ökonomischen Entwicklung, internationalen Verständigung, Frieden, Wohlstand und Einhaltung der Menschenrechte beizutragen.

- IATA: International Air Transport Association, Dachorganisation des gewerblichen Luftverkehrs. Ihre Zielsetzung ist die Förderung des sicheren, planmäßigen und wirtschaftlichen Transportes von Menschen und Gütern in der Luft. Die IATA nimmt auch Einfluss auf die Preisfestlegung, so dass es eine Art des Preiskartells ist. Zur Identifizierbarkeit von Flughäfen, Fluggesellschaften und Flugzeugtypen sorgen die IATA Codes. Weiterhin definiert die IATA Sicherheitsstandards, die von den Mitgliedsgesellschaften einzuhalten sind.

- Referat „Tourismus/Fremdenverkehr" der EU, Ziel ist die Schaffung touristischer Infrastruktur in der EU über Fördermittel.

- ETC: European Travel Commission, Dachorganisation für 39 nationale europäische Tourismus-Verbände und –organisationen. Aufgabe ist die weltweite Vermarktung des Ziels „Europa" in Überseemärkten.

Internationale Tourismuspolitik greift – wie auch die nationale Tourismuspolitik – u. a. im Bereich Umwelt ein. Besondere touristische Ziele wie Korallenriffe werden geschützt. Ebenso gehören Umweltverträglichkeitsprüfungen oder die Müllentsorgung (insbesondere in besonders sensiblen Bereichen wie etwa Inseln) zur Umweltpolitik. Daneben hängt Tourismus eng mit der Politik zusammen, etwa wenn es um Devisenumtausch oder Visabestimmungen geht.

1.7.2 Nationale Tourismuspolitik

1.7.2.1 Strukturen, Organisationsformen und Träger

Die nationale Tourismuspolitik wird von unterschiedlichen staatlichen und privatwirtschaftlichen Einrichtungen bestimmt. Diese Institutionen sind u. a.:

- Wirtschafts- und Finanzministerien (jeweils in Bund und Ländern) – bestimmen Subventionen für einzelne Zielgebiete und Steuern wie Zollsteuern,

- Verkehrsministerien (jeweils in Bund und Ländern) – erschließen touristische Gebiete über neue Straßen,

- Kulturministerien (jeweils in Bund und Ländern) – subventionieren Theater, Museen, etc.,

- Dehoga – klassifiziert die Hotels nach einheitlichen Vorgaben,

- Verkehrsverbünde – organisieren einheitliche Verkehrstarife in einer Region,

- etc.

Auf nationaler Ebene gibt es verschiedene Dachverbände der Tourismusbranche:

- DZT: Deutsche Zentrale für Tourismus e.V., vermarktet im Auftrag der Bundesregierung das Reiseland Deutschland im In- und Ausland. Sie finanziert sich durch öffentliche Mittel und eigene Einnahmen. Die strategischen Handlungsfelder sind:[3]

  o Image des Reiselandes Deutschland stärken

  o Wachstum des Tourismus auf Weltniveau erzielen

  o Vernetzung und touristischer Ausbau Flug, Bahn und Straße

---

[3] Quelle: wikipedia.de

- o Sicherung des Geschäftsreisestandorts Nr. 1 in Europa

- o Herausforderungen der Soziodemografie international meistern

- o Kulturstandort Deutschland touristisch nutzen und entwickeln

- o Gesundheitstourismus vor allem national ausbauen

- o Aufgrund Klimawandel Szenarien und Produkte entwickeln

- o Internationalisierung der Städte und Regionen vorantreiben

- o Multichanneling im Vertrieb weltweit nutzen

- DTV: Deutscher Tourismusverband e.V., Dachverband kommunaler, regionaler und landesweiter Tourismusorganisationen. Mitglieder sind Landestourismusorganisationen, Stadtstaaten sowie regionale Tourismusorganisationen. Ein Ziel des DTV ist die Verbesserung politischer Rahmenbedingungen für den Tourismus in Deutschland.

- BTW: Bundesverband der Deutschen Tourismuswirtschaft, getragen von Unternehmen der Tourismuswirtschaft, ist der Dachverband der Tourismuswirtschaft. Ziel ist die Verbesserung der Rahmenbedingungen.

- Deutscher Heilbäderverband: Vereinigung der Landesverbände der Heilbäder und Kurorte – in den Landesverbänden sind die jeweiligen Heilbäder und Kurorte vereinigt. Der Deutsche Heilbäderverband hat die Zielsetzung. Aufgabe ist neben Lobbyarbeiten die Beratung der Mitglieder in allen Fragen des Heilbäderwesens und des Gesundheitstourismus.[4]

Deutscher Tourismusverband und Deutscher Heilbäderverband übernehmen zusammen die Prädikatisierung deutscher Fremdenverkehrs- und Tourismusgemeinden. Die Prädikatisierung hat für die Tourismusgemeinden verschiedene Vorteile:

- Imagegewinn – Bekanntheitsgrad steigt,

- Fördermittel können eingeworben werden,

- Wettbewerbsvorteile gegenüber Gemeinden ohne Prädikatisierung.

---

[4] Quelle: Deutscher Heilbäderverband, Aufgaben, S. 1

1.7.2.2 Ziele, Aufgaben und Instrumente

Der Tourismusausschuss des Bundestages hat für die Tourismuspolitik folgende Ziele definiert:[5]

- Sicherung der Rahmenbedingungen

- Steigerung der Leistungs- und Wettbewerbsfähigkeit des deutschen Tourismus

- Intensivierung der internationalen Zusammenarbeit im Tourismus,

- Verbesserung der Koordination zwischen Bund und Ländern,

- Erhaltung von Umwelt, Natur und Landschaft als Grundlage des Tourismus

Sicherung der Rahmenbedingungen bedeutet Sicherung und Weiterentwicklung der touristischen und der Verkehrsinfrastruktur oder Schutz deutscher Touristen im Ausland.

Die Steigerung der Leistungs- und Wettbewerbsfähigkeit wird etwa durch die Förderung mittelständischer Unternehmen erreicht, aber auch durch Auf- und Fortbildung.

Die internationale Zusammenarbeit lässt sich fördern durch entsprechende europäische Projekte, aber auch spezielle bilaterale Zusammenarbeit mit einzelnen anderen Staaten.

Die Tourismusverbände versuchen, durch verschiedene Instrumente Einfluss auf die Politik zu nehmen. Hierzu gehört die Lobbyarbeit, aber auch Pressearbeit, gemeinsame Klagen, Gutachten, Entwicklungshilfe etc.

---

[5] Quelle: Bundesministerium für Wirtschaft und Technologie: Die Grundzüge der Tourismuspolitik in Deutschland, Präsentation an der TU Dresden, am 8.7.2008, S. 20

2 Tourismus Management

2.1 Managementstrategien / Qualitätsmanagement

2.1.1 Ausgewählte Managementstrategien im Tourismus

2.1.1.1 Change Management

Change Management – wörtlich übersetzt Veränderungsmanagement – bedeutet die Anpassung der Strukturen, Abläufe und Verhaltensweisen, die in einer Organisation eingesetzt werden. Ziel des Change Management ist es, die in der Organisation liegenden Kräfte aufzudecken und zu ihrem Nutzen einzusetzen.

Change Management ist ein fortlaufender Prozess, da sich mit jeder Modewelle das Unternehmen verändern muss.

2.1.1.2 Lean Management

Lean Management bedeutet in wörtlicher Übersetzung "schlankes Management". Kern dieser Strategie ist die effiziente Gestaltung der Wertschöpfungskette durch Änderung der Denkprinzipien, Methoden und Verfahrensweisen.

Ziele von Lean Management sind:

- Fokussierung auf den Kunden,
- Einsparung ganzer Hierarchiestufen durch Kompetenzerweiterungen von Mitarbeitern,
- schnellere Entscheidungen,
- steigende Motivation der Mitarbeiter durch höhere Eigenverantwortung,
- sinkende Fehlerquoten,
- Kundenorientierung als Unternehmensleitbild,
- etc.

Um Lean Management einsetzen zu können, sind verschiedene Voraussetzungen zu erfüllen:

- Analyse der Ausgangssituation mit Aufdeckung der Problemfelder,

- verbesserte Qualifikation der Mitarbeiter,

- Einführung von Gruppenarbeit,

- stärkere Nutzung moderner Technologien,

- usw.

2.1.1.3 Human Resources Management

Unter Human Resources Management versteht man den Einsatz des Produktionsfaktors Mensch. Ziel ist die Produktivitätsverbesserung des einzelnen Mitarbeiters, eines Teams oder des ganzen Personalbestandes einer Firma. Als Methode wird der zielgerichtete Einsatz des Mitarbeiters eingesetzt, der zum richtigen Zeitpunkt die richtige Aufgabe zu erfüllen hat. Unterstützt wird dies durch lebenslanges Lernen.

Grundsätzliches Ziel des Human Resources Management ist die Kostenminimierung bei gleichzeitiger Leistungsmaximierung. Dazu sollen Innovationen durch die Mitarbeiter gefördert werden und deren Kreativität geweckt werden. Auf der anderen Seite hat der Arbeitgeber eine Fürsorgepflicht, die durch das Human Resources Management abgedeckt werden muss. Auch die Mitarbeitermotivation ist Kernaufgabe des Human Resources Management.

Teile des Human Resources Management sind:

- Personalplanung

- Personalcontrolling

- Personalbeschaffung

- Personalentwicklung

- Personalführung

- Personalverwaltung

Die Personalplanung hat das Ziel, dass das Unternehmen jederzeit

- die richtige Anzahl an Personal,

- in der richtigen Qualifikation,

- zum richtigen Zeitpunkt,

- am richtigen Ort und

- im vorgegebenen Kostenplan

zur Verfügung hat. Die Aufgaben, die die Personalplanung hierzu übernehmen muss, sind:

- den quantitativen Personalbedarf ermitteln;

- den qualitativen Personalbedarf ermitteln;

- die Personalfreisetzung – wenn nötig – ermitteln;

- Personalengpässe erkennen und entsprechende Maßnahmen entwicklen;

- die Personalentwicklung erkennen und planen;

- die Personalkosten planen;

- die Personalkosten steuern.

Das Personalcontrolling hat die Aufgabe der Steuerung des Personals über

- Mitarbeiterzahlen,

- Kostenstrukturen,

- Bildungsbedarfsanalysen,

- Fehlzeitenanalysen,

- etc.

Die Personalbeschaffung lässt sich sowohl intern als auch extern bewerkstelligen. Die interne Personalbeschaffung wird dabei über das Instrument der Versetzung durchgeführt. Zudem lässt sich die interne Personalbeschaffung durch verschiedene indirekte Maßnahmen durchführen:

- Mehrarbeit

- Urlaubsverschiebung

- Leistungssteigerung (durch Qualifikation)

Für die externe Personalbeschaffung stehen dagegen unterschiedliche Möglichkeiten zur Verfügung. Hierzu zählen Personalanzeigen in Printmedien, Jobbörsen, über Arbeitsvermittler usw.

Die interne Personalbeschaffung hat verschiedene Vorteile:

- Bessere Motivation,

- höhere Bindung der Mitarbeiter an das Unternehmen,

- Mitarbeiter kennt bereits das Unternehmen,

- Beschaffungskosten sind geringer,

- Einarbeitungszeit ist in der Regel geringer,

- Stellenbesetzung kann schneller vorgenommen werden,

- Fachkenntnisse sind bereits bekannt,

- in der Regel kostengünstiger,

- positive Auswirkungen auf das Betriebsklima

Daneben sind aber auch verschiedene Nachteile der internen Personalbeschaffung zu beachten:

- es entsteht eine neue Lücke, die wiederbesetzt werden können müsste,

- Gefahr des „Weglobens",

- der Mitarbeiter ist möglicherweise „betriebsblind",

- es werden keine Impulse von außen gegeben,

- es bestehen mögliche Akzeptanzprobleme,

- Auswahl ist geringer als unter Hinzuziehung externer Quellen

Die externe Personalbeschaffung lässt sich über verschiedene Medien durchführen:

- Internet

- betriebsinterne Ausschreibung

- Printmedien

- Bundesagentur für Arbeit

- Personalberatungen

Die Personalplanung wird durch verschiedene Faktoren beeinflusst, die extern oder intern entstehen. Hierzu zählen:

- die Technologieentwicklung,

- Entwicklungen am Arbeitsmarkt,

- Investitionen,

- Rationalisierungen,

- usw.

Aus dem ermittelten Bruttopersonalbedarf und dem bestehenden Personalbestand ergibt sich der Nettopersonalbedarf. Zur Ermittlung des Bruttopersonalbedarfs werden verschiedene Verfahren eingesetzt:

- Schätzverfahren,

- Trendverfahren,

- Regressionsrechnungen,

- Korrelationsanalysen,

- u. a.

Neben der Personalplanung sind die Betriebsmittelplanung und die Materialplanung Teil der Bedarfsplanung. In der Betriebsmittelplanung werden die erforderlichen Betriebsmittel, die Beschaffungswege etc. ermittelt. In der Materialplanung werden der Materialbedarf und der Weg der Materialbeschaffung geplant.

Unter Personalentwicklung versteht man die Maßnahmen und Konzepte, die dazu geeignet sind, die beruflichen Qualifikationen des Mitarbeiters zu fördern. Ziel der Personalentwicklung ist, dem Unternehmen zum richtigen Zeitpunkt rechtzeitig qualifizierte Mitarbeiter zur Verfügung zu stellen. Daneben ist sie für die berufliche Weiterentwicklung der Mitarbeiter wichtig, da damit der Aufstieg des einzelnen Mitarbeiters ermöglicht wird.

Damit verbunden ist die grundsätzliche Frage, ob Weiterqualifizierungen oder Neueinstellungen vorteilhaft sind. Für beides gibt es Vorteile, die für die jeweilige Vorgehensweise sprechen:

Weiterqualifizierung	Neueinstellung
Fähigkeiten der eigenen Mitarbeiter sind bekannt	Innovative Kräfte von außen, die neue Ideen mitbringen
Auslastung freier Kapazitäten im Unternehmen	Kapazität im Unternehmen ist ausgeschöpft

keine langen Einarbeitungszeiten   bisherige Mitarbeiter sind ungeeignet

Generell bestehen folgende Möglichkeiten der Personalentwicklung:

1. Ausbildung

2. Einarbeitung

3. Anpassungsweiterbildung

4. Fortbildung

Aus diesem Bereich ist die geeignete Maßnahmen auszuwählen, um den Mitarbeiter mit der optimalen Personalentwicklung zu unterstützen.

Als Instrumente der Weiterbildung existieren:

1. Potenzialeinschätzung (Prognose des erwarteten Leistungsvermögens des Mitarbeiters)

2. Laufbahnplanung (die Positionen, die der Mitarbeiter bei Erfüllen bestimmter Qualifikationsmerkmale erreichen kann)

3. Nachfolgeplanung (gedanklich vorweggenommene Überlegung zur zukünftigen Besetzung von Positionen)

4. Nachwuchskräfteförderung (Vorbereitung der Mitarbeiter zur Übernahme von Führungspositionen)

Arten

Ausbildung

Die Ausbildung wird in Deutschland durch einen praktischen Teil im Betrieb und einen theoretischen Teil in der Berufsschule durchgeführt.

Für die Planung und Durchführung der Ausbildung sind eine Reihe von Punkten zu berücksichtigen:

- die Ausbildungsfähigkeit des Unternehmens ist durch Eignung des Unternehmens und die Eignung der Ausbilder zu gewährleisten,

- die gesetzlichen Vorgaben für die Ausbildung sind zu berücksichtigen, namentlich das Ausbildungsberufsbild, der -rahmenplan usw.

- die Ausbildungspläne sind zu beachten, in denen etwa die Ausbildungsinhalte beschrieben sind,

- die didaktische Vermittlung der Inhalte ist zwischen praktischem Teil im Betrieb und theoretischer Ausbildung in der Berufsschule zu koordinieren,

- die geeigneten Methoden und Medien, die in der Ausbildung eingesetzt werden, müssen festgelegt werden.

Fortbildung

Fortbildung ist in Deutschland durch das Berufsbildungsgesetz definiert. § 1 Abs. 4 BBiG besagt: "Die berufliche Fortbildung soll es ermöglichen, die berufliche Handlungsfähigkeit zu erhalten und anzupassen oder zu erweitern und beruflich aufzusteigen." Im Gegensatz zur Fortbildung, die der Fortsetzung der Ausbildung dient, ist die Weiterbildung nicht auf die berufsspezifischen Bereiche begrenzt, sondern weiter gefasst als die Fortbildung.

Generell lässt sich die Fortbildung in vier Bereiche unterteilen:

- Erhaltungsfortbildung: Sie dient dem Ausgleich von Kenntnissen und Fertigkeiten, die weggefallen sind;

- Erweiterungsfortbildung: Zusätzliche Fähigkeiten werden vermittelt;

- Anpassungsfortbildung: hier werden solche Fähigkeiten vermittelt werden, die durch eine Anpassung an Veränderungen am Arbeitsplatz nötig werden;

- Aufstiegsfortbildung: dient der Vorbereitung auf höherwertige Aufgaben.

Der Umfang an notwendiger Fortbildung hängt von unterschiedlichen Faktoren ab. Hierzu gehören technologische Entwicklungen, neue Erkenntnisse im Umfeld etc. Ermitteln lässt er sich u. a. durch Umfragen.

Die Durchführung der Fortbildung lässt sich durch interne oder externe Trainer durchführen. Beides hat Vor- und Nachteile, die im Einzelfall abzuwägen sind. Der größte Vorteil externer Trainer ist die im Normalfall pädagogische Eignung, die internen Trainern häufiger fehlt.

Innerbetriebliche Förderung

Die innerbetriebliche Förderung ist ein wesentlicher Teil der Personalentwicklung. Ziel ist, die Mitarbeiter durch innerbetriebliche Maßnahmen so fortzubilden bzw. zu entwickeln, dass sie höhere Leistungen erbringen oder zu höheren Aufgaben in die Lage versetzt werden.

Basis für die innerbetriebliche Förderung ist das Erkennen der geeigneten Maßnahmen. Hierfür muss insbesondere der Vorgesetzte erkennen,

- in welchen Bereichen Qualifizierungsbedarf besteht,

- welche Potenziale der einzelne Mitarbeiter hat,

- welche Maßnahmen zur Schließung der Lücken ergriffen werden können,

- welche Unterstützung der Vorgesetzte selbst geben kann und muss sowie

- welche Erwartungen der Mitarbeiter an die innerbetriebliche Förderung hat.

Maßnahmen, die die innerbetriebliche Förderung unterstützen sind:

- Jobenrichment: der Mitarbeiter erhält zusätzliche Aufgaben auf höherem Aufgabenniveau; zur Unterstützung erhält er entsprechende Weiterbildungmaßnahmen;

- Jobenlargement: der Mitarbeiter erhält zusätzliche Aufgaben auf seinem Aufgabenniveau, die sich von seinen bisherigen Tätigkeiten aber unterscheiden;

- Jobroration: der Mitarbeiter wechselt seine Aufgaben im Betrieb

Die Förderung jüngerer Mitarbeiter kann beispielsweise durch ältere Mitarbeiter erfolgen, die eine Art Mentoren-Rolle übernehmen.

Potenzialanalyse

Ziel der Potenzialanalyse ist es, die Fähigkeitspotenziale der Mitarbeiter für zukünftige Tätigkeiten zu ermitteln. Dabei werden für jeden einzelnen Mitarbeiter ermittelt:

- das Wissen,

- die Fähigkeiten,

- die Motivation oder

- die Persönlichkeitsmerkmale

des Mitarbeiters. Dies kann beispielsweise mit Fragebögen über das eigene Karrierepotenzial ermittelt werden.

Durch Vergleich mit dem Anforderungsprofil an eine Stelle lassen sich damit die Stärken und Schwächen des Mitarbeiters identifizieren und entsprechend die Stärken fördern und die Schwächen bearbeitet werden.

Als Hauptgrund der Potenzialanalyse gilt die Personalbindung. Da der Mitarbeiter gezielt nach seinen Stärken und Schwächen eingesetzt werden kann, kann eine Unter- oder Überforderung ausgeschlossen bzw. minimiert werden.

Folgende Merkmale werden im Rahmen der Potenzialanalyse untersucht:

1. Methodenkompetenz: kann der Mitarbeiter betriebliche Zusammenhänge erfassen etc.;

2. Sozialkompetenz: wie geht der Mitarbeiter mit anderen Mitarbeitern um;

3. Fachkompetenz: welches Wissen hat der Mitarbeiter, um Probleme zu lösen;

4. Reflexionskompetenz: kann der Mitarbeiter sein eigenes Handeln kritisch hinterfragen und analysieren;

5. Veränderungskompetenz: kann der Mitarbeiter seine eigenen Aktionen verändern.

Kosten- und Nutzenanalyse der Personalentwicklung

Im Rahmen der Personalentwicklung müssen natürlich auch die Kosten und der Nutzen aus der Personalentwicklung berücksichtigt werden.

Typische Kosten der Personalentwicklung sind:

- direkte Kosten wie Ausbildungsvergütung und Personalzusatzkosten für Sozialversicherung etc.;

- indirekte Kosten wie die Kosten für das Ausbildungspersonal;

- Betriebsmittelkosten: Kosten für die in der Ausbildung eingesetzten Maschinen etc.;

- weitere Kosten wie Materialkosten für Ausbildungsmittel, Fremdleistungen etwa für externe Referenten.

Dem steht der Nutzen aus der Personalentwicklung gegenüber:

- intern aus- oder fortgebildete Mitarbeiter "kennen" den Betrieb und sind leichter einsetzbar;

- das Unternehmen "kennt" seine Mitarbeiter;

- die eigenen Führungskräfte werden im Sinne der Unternehmenskultur etc. entwickelt;

- usw.

Problem ist, dass die Kosten in der Regel messbar sind, während der Nutzen sich häufig einer betragsmäßigen Messung entzieht. Dies macht eine Beurteilung der Personalentwicklung häufig schwierig.

Personalführung umfasst die Steuerung des Verhaltens der Mitarbeiter. Grundsätzlich lassen sich verschiedene Führungsmodelle unterscheiden (Führung über Motivation, Zielvereinbarungen, etc.).

Personalverwaltung beinhaltet letztlich die administrative Aufgabe des Personalbereichs. Kernaufgaben sind

-   Führung der Personalakten,

-   Bearbeitung von Arbeits-, Urlaubs- und Fehlzeiten der Mitarbeiter,

-   Entgeltabrechnungen,

-   Verbindung mit den Sozialversicherungen,

-   etc.

2.1.1.4 Yieldmanagement

Yieldmanagement wird in der Regel mit Ertragsmanagement übersetzt. Es behandelt eine meist IT-gestützte Steuerung der Preise und Kapazitäten und wird vor allem von Reiseunternehmen, aber auch Eisenbahnunternehmen, Friseuren, Theatern etc. eingesetzt.

Kern des Yieldmanagement ist eine Preisdifferenzierung für einzelne Waren, d. h. unterschiedliche Preise für die gleiche Ware, etwa eine Reise, an unterschiedlichen Tagen. Zudem findet eine Kontingentierung statt, d. h. bestimmte Preise werden nur an vorher definierte Kontingente vergeben (erste 20 Plätze 100 €, danach Normalpreis von 599 €).

Ziel des Yieldmanagement ist damit eine gewinnoptimale Ausschöpfung der Nachfrage.

Basis des Yieldmanagement sind die entsprechenden Informationssysteme, die entscheidend für den Erfolg des Yieldmanagement sind. Zu den bekannten Input-Faktoren Kapazität, Preis, Auslastung, bisherige Nachfrage und externen Faktoren wie Ferienzeiten kommen noch unbekannte Faktoren wie die zukünftige Nachfrage, Stornoquoten und unvorhergesehene Ereignisse (Naturkatastrophen usw.). Bei optimaler Verknüpfung dieser Inputfaktoren wird das Yieldmanagement sehr erfolgreich sein, ansonsten kann es zu größeren Problemen führen.Yield Management beinhaltet die Nutzung von Preisdifferenzierungen.

Definition:

Preisdifferenzierung bedeutet die Kunst, ein und dasselbe Produkt zu unterschiedlichen Preisen zu verkaufen, und zwar zu dem jeweils für höchstmöglich gehaltenen.

Eine Gewinnsteigerung durch Abschöpfung der Konsumentenrente[6] (individuelle Preisbereitschaft der Nachfrager) gilt als zentrales Ziel der Preisdifferenzierung.

Weitere Ziele:

- Kundengewinnung und -bindung

- Produkteinführung

- Lagerräumung/Auslauf/Ausverkauf

- Rationalisierung der Produktion

- Auftragsgrößensteigerung etc.

Neben den Nutzenwirkungen (Erlös) müssen auch die Kostenwirkungen berücksichtigt werden!

In der Theorie treten zwei Formen der Preisdifferenzierung auf:

1. Vertikale Preisdifferenzierung

   Preisdifferenzierung bei gegebener Marktaufteilung (Marktsegmente = Daten der Preispolitik; jedes Marktsegment/Teilmarkt umfasst Nachfrager mehrerer oder aller Preisklassen)

---

[6] jener Betrag, den ein Nachfrager für ein bestimmtes Produkt aufgrund gegebener Marktpreise weniger zu zahlen hat, als er aufgrund seiner Präferenz zu zahlen bereit wäre

→ Beispiel: McDonalds

→ Anpassung der Preise an die Kaufkraft des Landes („Bic Mac-Index")

2. Horizontale Preisdifferenzierung

Preisdifferenzierung bei vom Unternehmen willkürlich vorgenommener Marktaufteilung (Zusammenfassung der Nachfrager mit gleicher oder ähnlicher
Kaufbereitschaft zu einem Marktsegment; resultierend daraus werden unterschiedliche Preise der Marktsegmente verlangt)

→ Folge: Einsatz von Produktdifferenzierungsmaßnahmen, bei Kenntnis der
Nachfrager über verschiedene Preisangaben bei demselben Produkt; um negativen Imagetransfer zu verhindern, kann eine neue Marke eingeführt werden
um Produktunterschiede zu verdeutlichen

Voraussetzungen für die Anwendung von Preisstrategien:

- es müssen unterschiedliche Maximalpreise und Preiselastizitäten vorliegen
(Nachfrager müssen unterschiedliche Preisbereitschaften aufzeigen)

- Nachfrager mit verschiedenen Preisbereitschaften müssen voneinander separiert werden können. Daraus resultierend müssen die unterschiedlichen Preissegmente erkannt und zielgerecht bearbeitet werden können.

- Vorhandensein eines akquisitorischen Potentials bei dem Unternehmen, welches die Preisdifferenzierung einsetzt; bei Preiserhöhungen muss davon auszugehen sein, dass nicht alle Nachfrager zur Konkurrenz übergehen. Preissenkungen in anderen Segmenten sollten im Gegenzug dazu jedoch auch
nicht dazu beitragen, dass jegliche Nachfrager von der Konkurrenz abwandern.

In der Praxis sind heute überwiegend die nachfolgend genannten Formen der Preisdifferenzierung zu finden:

- Zeitliche Preisdifferenzierung (Bsp.: Haupt-, Vor-, Nachsaison)

- Räumliche Preisdifferenzierung (Bsp.: nach Abreiseorten)

- Personelle Preisdifferenzierung (Bsp.: Kinder-, Jugendreisen, Seniorenreisen,
etc.)

- Preisdifferenzierung nach Buchungszeitpunkt

- Mehr-Personen-Preisdifferenzierung (Bsp.: Deutsche Bahn AG - Gruppenkarte „Gruppe&Spar" ab 6 Personen)

- Quantitative Preisdifferenzierung (Bsp.: Lufthansa – Flugmeilen sammeln)

- Preisbündelung (Bsp.: Pauschalreisen – Flug- und Hotelbuchung)

- Spezifische Preisdifferenzierung bei Dienstleistungen (= Yield-Management; Bsp.: Abflug am 01.11.2009 -10%)

Yield Management bringt aber auch verschiedene Nachteile mit sich:

- der Kunde kann sich an niedrigere Preis gewöhnen, so dass dauerhaft ein schlechteres Ergebnis erzielt werden könnte,

- reguläre Preise könnten vom Kunden als überteuert angesehen werden,

- Kunden könnten aufgrund des Yield Managements abwandern.

2.1.1.5 Projektmanagement

Projektmanagement ist ein unterschiedlich nutzbarer Begriff. Die DIN-Norm DIN 69901 definiert Projektmanagement wie folgt: „Projektmanagement ist die Gesamtheit von Führungsaufgaben, -organisation, -techniken und -mitteln für die Abwicklung eines Projektes". Danach ist ein Projekt durch verschiedene Sachverhalte gekennzeichnet:

- Einmaligkeit: ein Projekt findet in der gleichen Form kein zweites Mal statt

- Endlichkeit: das Projekt hat einen Endzeitpunkt

- Restriktionen: es stehen immer begrenzte Mittel zur Verfügung

- Abgrenzbarkeit: das Projekt ist gegenüber anderen Projekten klar abgrenzbar

- Komplexität: ein Projekt ist immer durch einen Mindest-Schwierigkeitsgrad gekennzeichnet

- Risiko: die Lösung eines Projektes ist nie sicher, sondern immer mit einem Risiko verbunden

2.1.2 Qualitätsmanagement in Tourismusunternehmen

2.1.2.1 Qualität touristischer Dienstleistungen

Total Quality Management – auch als Qualitätsmanagement bezeichnet – beschreibt die Vorgehensweise, Qualität als Ziel einzuführen und dauerhaft umzusetzen. Es basiert auf verschiedenen Prämissen:

- Qualität wird in allen Unternehmensbereichen gleichermaßen erstellt,

- alle Mitarbeiter sind gleichermaßen für die Qualität verantwortlich;

- es gibt eine interne Zusammenarbeit über alle Abteilungen;

- Qualität ist ein langfristiges Ziel und nie erreichbar, d. h. es gibt immer Verbesserungspotenzial.

Ein TQM kann unterschiedlich aufgebaut sein. Folgende Elemente sind aber elementare Bestandteile eines erfolgreichen TQM:

- Erarbeiten einer Qualitätspolitik,

- Festlegung von Haupt- und Unterzielen,

- Aufbau eines Kundeninformationssystems,

- Erarbeitung einer Prozessplanung,

- Einbindung aller Mitarbeiter,

- Qualitätsinformationssystem zur rechtzeitigen Information.

Verschiedene Faktoren werden als in der Regel vorhanden bei allen mit TQM erfolgreichen Unternehmen bezeichnet:

- intensive Kontakt zu Kunden und Zulieferern;

- ständige Verbesserung als Teil der Unternehmenskultur;

- Einbeziehung der gesamten Belegschaft;

- usw.

2.1.2.2 Methoden des Qualitätsmanagements

Die Methoden des Qualitätsmanagements unterscheiden sich von Branche zu Branche. In der Tourismusbranche ist der Dienstleistungsgedanke Kern des Qualitätsmanagements. Eine wichtige Methode ist die Zertifizierung, die das Management als Richtlinien umsetzt, um eine möglichst hohe Qualität für den Kunden zu erreichen.

In Hotelbetrieben könnte ein Qualitätsmanagement etwa so ausgestaltet sein, dass jeder Mitarbeiter die Pflicht bekommt, automatisch auf Probleme zu reagieren, die er vorfindet. Gleichzeitig können Mitarbeiter befähigt werden, Kunden Entschädigungen in Form von Gutscheinen, Upgrades u. ä. anzubieten.

2.1.3 Krisenmanagement

Unter Krise versteht man eine problematische, mit einem Wendepunkt verknüpfte Situation, die eine schnelle Entscheidung verlangt. Krisen reichen von einfachen Störungen des täglichen Betriebsablaufs bis zu laufend schlechter Berichterstattung über ein Unternehmen.

Im Unterschied zu Krisen sind Katastrophen unvorhersehbare, sehr schnell einsetzende und unabwendbare Situationen. Sie haben für Natur und / oder Menschen verheerende Auswirkungen mit häufig tödlichem Ausgang. Katastrophen sind häufig die Ursache für die Entwicklung langfristiger Krisen.

Typische Krisen im Tourismus können aus den folgenden Sachverhalten resultieren:

- klimabedingte Krisen: Überschwemmungen oder Stürme treten in bestimmten Regionen der Welt relativ häufig auf;

- terroristische oder kriegerische Krisen: Terrorangriffe (Djerba, Spanien, USA) oder Kriege (Sri Lanka, Teile Afrikas);

- gesundheitsbedingte Krisen: Tropenkrankheiten wie Malaria, aber auch temporär auftretende Krankheiten wie SARS;

- technisch bedingte Krisen: durch menschliches Versagen, Ausfall von Maschinen, Busunfälle, etc.;

- wirtschaftlich bedingte Krisen: Insolvenz von Flugunternehmen, touristischen Anbietern, etc.

Das Krisenmanagement beschäftigt sich mit dem Umgang mit Krisen. Ziel ist es, bei Eintritt einer Krise sofortige Gegenmaßnahmen zu ergreifen. Inhalt des Krisenmanagements sind Frühwarnsysteme, Krisen- und Notfallpläne. Maßnahmen, die vorab getroffen werden sollten, sind:

- klare Festlegung des Personenkreises für den Krisenstab, dessen Aufgaben, Kompetenzen und Handlungsrahmen,

- Festlegung der Absprachen, die der Krisenstab zu treffen hat,

- klare Richtlinien für Public Relations-Maßnahmen infolge einer Krise.

Wichtig ist, dass der Krisenstab aus Experten bestehen muss und Schlüsselpersonen des Unternehmens zu enthalten hat. Die Mitglieder müssen teamfähig sein, das Team selbst muss klein sein, damit effizient und schnell gearbeitet werden kann.

2.2 Tourismusspezifische Informationstechnologie

2.2.1 Elektronische Reiseinformations- und Reisevertriebssysteme

Reisevertriebssysteme sind Vertriebssysteme, die elektronisch und rechnergestützt funktionieren und Beratung, Verkauf und administrative Leistungen übernehmen. In- und Outputs erfolgen durch standardisierte Formulare, so dass alle angeschlossenen Anbieter und Leistungsträger einheitliche Dialogschritte verfolgen.

2.2.1.1 Begriffsbestimmung

Während unter Front Office der eigentliche Handel (Geschäftsabschluss mit Kunden) verstanden wird, fallen unter Back Office alle verwaltenden Tätigkeiten. Front Office Lösungen unterstützen somit direkt den Verkauf, während Back Office-Lösungen den Ablauf des Verkaufs unterstützen sollen. Sie sind etwa elementarer Bestandteil von E-Commerce-Lösungen in der Touristik. Im Vordergrund stehen der Betrieb eigener Reiseportale oder Vertriebslösungen, die Dritten bereitgestellt werden.

Mid-Office-Lösungen dienen dem Business Management und erleichtern etwa das Dokumentenmanagement oder die Kundendatenverwaltung.

Best-Buy-Systeme bilden das Preis-Leistungs-Verhältnis ab und sind damit wichtiges Element der Beratung. Ermöglicht werden damit Preisvergleiche, die bei verkürzter Beratungszeit ermöglicht werden.

2.2.1.2 Elektronische Informationssysteme

Zu den elektronischen Informationssystemen zählt insbesondere das Internet. Bei der Frage, wie der Auftritt im Internet erfolgen soll, sind insbesondere die Anforderungen zu beachten, die die Kunden an die Seite stellen werden. Übliche Funktionen, die der Kunde auf einer Website erwartet, sind:

- Produktsuchmöglichkeiten,

- Preise,

- Bestellformen (Reservierung oder Buchung),

- Zahlungsabwicklung,

- grundlegende Informationen über den Reiseveranstalter,

- nähere Informationen zu den Reisezielen, am besten unterlegt mit Videos,

- usw.

Auch für die Kommunikation lassen sich verschiedene Möglichkeiten unterscheiden, mit denen der Kunde Kontakt aufnehmen kann:

- Chatrooms,

- Foren,

- E-Mail,

- Newsletter,

- Bestellformulare

Neben diesen Inhalten bzw. Kommunikationswegen hat eine Internetseite weitere Funktionen zu enthalten. Entscheidend ist hier, was die jeweilige Firma will. Bei der Umsetzung der Website sind deshalb verschiedene Fragestellungen zu überprüfen:

- Make-or-buy-Entscheidung für die Website,

- wie viele und welche Domains sollen genutzt werden,

- welche Serverleistungen sollen vorgehalten werden,

- welche Sicherheitseinstellungen (gegen Viren etc.) sollen gewählt werden,

- wie erfolgt die Bestellung im E-Shop,

- wie sollen Eintragungen bei Internet-Suchmaschinen erfolgen,

- sollen Kunden ihre Urlaubserfahrungen in Form von Berichten, Fotos oder Videos bereitstellen können,

- etc.

2.2.1.3 Elektronische Reisevertriebssysteme

Computerreservierungssysteme (CRS) stellen über Rechenzentren Informationen über Preise, Verfügbarkeiten und Buchungsmöglichkeiten von den verschiedenen Bereichen der Touristik bereit. Sie wickeln die Buchung selbst ab und sind damit die notwendige Verbindung zwischen Reisebüros und den Tourismusunternehmen. Sie sind somit die Schnittstelle zwischen diesen Gruppen.

Elektronische Reisevertriebssysteme – das wichtigste ist Amadeus GDS mit Erlösen von rund 2,5 Mrd. €, die anderen großen sind Galileo, Sabre und Worldspan – bieten eine Reihe von Vorteilen. Diese betreffen bei Reiseveranstaltern umfassende Kosteneinsparungen in verschiedensten Bereichen:

- Rechnungswesen,

- Telekommunikation,

- Datenaktualität,

- Datensicherheit

Neben den Reiseveranstaltern bieten Reisevertriebssysteme auch Reisebüros umfangreiche Vorteile, hier in der Beratung:

- Zugriff auf ein breites Angebot,

- deutliche Minderung der Prozesskosten,

- Rechtssicherheit,

- usw.

2.2.1.4 Weitere Vertriebskanäle

Als weiterer Vertriebskanal stehen Call Center zur Verfügung. Diese können – im Gegensatz zu in der Regel Reisebüros – dann öffnen, wenn der Kunde es wünscht. Aufgrund der einfachen Handhabung, der eher kurzen Beratungszeiten und der Anonymität zwischen Kunde und Mitarbeiter ist es für viele Kunden ein bevorzugter Vertriebsweg. Für die Mitarbeiter ergeben sich Vorteile aus flexiblen Arbeitszeiten und der Möglichkeit zum Zweitjob. Für den Betreiber ergibt sich der Vorteil der Standortwahl, d. h. es können kostengünstige Standorte gewählt werden.

Neben diesen Vorteilen ergeben sich auch diverse Nachteile. So fehlt der persönliche Kontakt zwischen Mitarbeiter und Kunde, beratungsintensive Produkte sind nur schwer verkäuflich. Gerade ältere Kunden stehen diesem Vertriebsweg eher kritisch gegenüber. Insgesamt stehen deshalb häufig höhere Vertriebskosten zu Buche als bei herkömmlichen Vertriebswegen.

2.2.2 Einsatzgebiete

Unter Datenschutz versteht man den Schutz personenbezogener Daten vor Missbrauch. Der Zweck des Datenschutzes wird darin gesehen, dass der Einzelne sein Recht auf informationelle Selbstbestimmung behält. Damit hat der Einzelne selbst das Recht an seinen Daten.

Geregelt wird der Datenschutz durch das Bundesdatenschutzgesetz. Es regelt den Umgang mit personenbezogenen Daten, die in IT-Systemen, aber auch manuell, verarbeitet werden.

§ 1 Abs. 1 BDSG lautet wie folgt: „Zweck dieses Gesetzes ist es, den Einzelnen davor zu schützen, dass er durch den Umgang mit seinen personenbezogenen Daten in seinem Persönlichkeitsrecht beeinträchtigt wird".

Nach dem BDSG ist die Erhebung, Verarbeitung und Nutzung von personenbezogenen Daten grundsätzlich verboten, es sei denn, eine Rechtsgrundlage oder die betroffene Person selbst erlaubt dies ausdrücklich.

Einen Datenschutzbeauftragten hat ein Unternehmen zu ernennen, wenn

- mindestens fünf Personen mit der ständigen Verarbeitung personenbezogener Daten in IT-Systemen beschäftigt sind oder

- mindestens 20 Personen mit der ständigen manuellen Verarbeitung personenbezogener Daten beschäftigt sind.

Der Datenschutz ist für die Tourismusbranche wie für jede andere Branche von besonderer Wichtigkeit, da sie das zielgerichtete Marketing einschränken. Von den Nachfragern sollten optimal folgende Informationen zur Verfügung stehen:

- Alter,

- Familienstand,

- Berufsgruppe,

- Vorlieben.

2.2.3 Bedarfsanalysen und Entscheidungen

Grundsätzlich sind natürlich Kosten-/Nutzenaspekte zu beachten für die Wahl einer Software. Für eine interne Lösung (Selbstprogrammierung) sprechen

- die Sicherheit,

- individuell erreichbare Lösungen,

- keine unnötigen Zusatzfunktionen.

Allerdings sprechen auch verschiedene Faktoren gegen eine interne Lösung:

- sehr teuer,

- keine externen Erfahrungen anderer Anwender oder von Referenzkunden,

- Mitarbeiterschulung ist schwieriger, da vorhandenes Wissen üblicherweise nicht vorhanden ist,

- Anbindung an vorhandene Software schwierig.

Für eine externe Lösung sprechen die Nachteile der internen Lösung, gegen die externe Lösung die Vorteile der internen Lösung.

2.3 IT-gestützte Unternehmensabläufe

2.3.1 Managementinformationssysteme

Ein Managementinformationssystem (MIS) hat die Aufgabe, die Geschäftsleitung bzw. die zuständigen Stellen mit aktuellen quantitativen und qualitativen Informationen zu versorgen. Angestrebt wird dabei ein direkter Zugriff auf die Informationen. Zu diesem Zweck sind die betrieblichen Kommunikationssysteme möglichst einfach zu gestalten.

Zu den Managementinformationssystemen gehören:

- Personalinformationssysteme,

- Planungssysteme,

- Controllingsysteme,

- Kundendatenbanken,

- Warenwirtschaftssysteme,

- Kommunikationssysteme.

Mit MIS werden verschiedene Ziele verfolgt:

- Erfassung und Auswertung externer Informationen,

- Direktzugriff auf alle relevanten Informationen,

- Vereinfachung der internen Kommunikation,

- Entscheidungsunterstützung durch Simulationen,

- Berechnung von Trends,

- usw.

2.3.2 Personalinformationssysteme

Personalinformationssysteme haben die Ziele, Zeiterfassungen vorzunehmen und die Lohn- und Gehaltsabrechnungen zu erstellen. Aufgabe ist damit das gesamte Human-Resource-Management und die Etablierung des Vergütungsmanagements.

2.3.3 Planungssysteme

Planungssysteme dienen der Kalkulation und der Planung der Ressourcen.

2.3.4 Controllingsysteme

Controllingsysteme dienen der Liquiditätsplanung, d. h. der Planung eines Liquiditätsüberschusses bzw. eines Liquiditätsbedarfs. Daneben haben die Controllingsysteme etwa das Währungsrisikomanagement durchzuführen.

Ein IT-gestütztes Controllingsystem hat verschiedene Aufgaben zu erfüllen:

- Durchführung von Kennzahlenanalysen und deren grafische Umsetzung,

- Alarmfunktion bei Abweichen von Plan- bzw. Sollzahlen,

- Erfüllung von Prognosefunktionen durch Hochrechnen der laufenden Geschäftsergebnisse,

- das System muss wirtschaftlich sein, d. h. ein positives Kosten-Nutzen-Verhältnis aufweisen,

- usw.

2.3.5 Kundendatenbank

In den Kundendatenbanken sind Kundenprofile zu erstellen, zu erfassen sowie zu pflegen. Darauf aufbauend ist das Customer-Relationship-Management zu etablieren.

2.3.6 Warenwirtschaftssysteme

In den Warenwirtschaftssystemen wird die Lagerhaltung vorgenommen, die Inventur gepflegt. Gleichzeitig ist der Einkauf hier vorzubereiten mit einem Vorschlagswesen für den Bestellvorgang.

2.4 Veranstaltungs- und Eventmanagement

2.4.1 Begriffsbestimmung (Veranstaltung, Event, Incentive)

Eine Veranstaltung ist eine zeitlich begrenzte Veranstaltung, die ein zweckbestimmtes Ereignis hat und von einer Gruppe von Menschen besucht wird.

Wird ein persönlicher Kontakt zwischen einem Unternehmen oder einem Produkt auf der einen Seite und dem/den Kunden auf der anderen Seite hergestellt, so spricht man von einem Event. Ziel ist eine Verbesserung des Images und eine Verbesserung des Verkaufs. Da das Erlebnis bei einem Event im Vordergrund steht und der Kunde miteinbezogen wird, ist die Erinnerung an einen Event weitaus nachhaltiger als durch andere Veranstaltungen. Events können beispielsweise in Kultur, Sport, Natur, etc. kategorisiert werden. Mit dem Management von Events beschäftigt sich das Event-Management. Hierunter versteht man die Planung, Organisation, Durchführung und Kontrolle von Events.

Incentives sind Anreize, mit denen Geschäftspartner, Kunden, Mitarbeiter oder ganze Organisationen belohnt und /oder motiviert werden sollen. Sie lassen sich in folgende Arten unterteilen:

- Geldprämien: sie sind kein normaler Gehaltsbestandteil, sondern werden als Belohnung für besondere Leistungen eingesetzt. Geldprämien werden vom zu Belohnenden aber häufig als normaler Gehaltsbestandteil angesehen und nicht als Belohnung wahrgenommen;

- Sachprämien: die Belohnung erfolgt hier nicht durch Geld, sondern durch besondere Gegenstände. Allerdings wird es immer schwieriger, Sachgegenstände zu finden, die der zu Belohnende noch nicht hat;

- Incentive-Reisen: es handelt sich um Belohnungsreisen, deren Kern nicht eine Geschäftsreise ist, sondern eine Lustreise;

- Incentive-Events: Veranstaltungen, die in der Regel an besonderen Orten stattfinden und zur Teambildung beitragen sollen.

Im Rahmen von Events werden u. a. Road Shows durchgeführt. Hierunter versteht man eine mobile Präsentation oder eine solche Veranstaltung, bei der der Kunde/die Kunden direkt vor Ort besucht wird/werden. Auf solchen Road Shows können beispielsweise neue Produkte vorgestellt werden.

In diesem Bereich wird auch Merchandising eingesetzt. Hierunter versteht man Verkaufsförderung, bei der eine eigene Wertschöpfung erzielt wird. Während die klassische Verkaufsförderung den Verkauf von Produkten unterstützt, werden beim Merchandising durch Videos, Fanartikel, Bilder, Bücher, Computerspiele, Figuren oder Gebrauchsartikel eigene Verkäufe erzielt. Hier zeigt sich aber auch das Risiko von Merchandising-Artikeln. Treffen sie den Geschmack nicht, können sie ihre Wirkung verfehlen, es kann ein zu hoher Absatz kalkuliert sein und entsprechend zu viel vorbestellt sein. Es kann damit auch ein Imageschaden entstehen.

Road Shows haben eine Reihe von Vorteilen, die sie attraktiv für Unternehmen machen:

- Teilmärkte lassen sich direkt bearbeiten,

- Kosten werden gering gehalten bei möglicherweise hohen Teilnehmerzahlen,

- in der Regel ist eine Umsetzung relativ schnell möglich,

- usw.

2.4.2 Projektmanagement

Projektmanagement ist ein unterschiedlich nutzbarer Begriff. Die DIN-Norm DIN 69901 definiert Projektmanagement wie folgt: „Projektmanagement ist die Gesamtheit von Führungsaufgaben, -organisation, -techniken und -mitteln für die Abwicklung eines Projektes". Danach ist ein Projekt durch verschiedene Sachverhalte gekennzeichnet:

- Einmaligkeit: ein Projekt findet in der gleichen Form kein zweites Mal statt

- Endlichkeit: das Projekt hat einen Endzeitpunkt

- Restriktionen: es stehen immer begrenzte Mittel zur Verfügung

- Abgrenzbarkeit: das Projekt ist gegenüber anderen Projekten klar abgrenzbar

- Komplexität: ein Projekt ist immer durch einen Mindest-Schwierigkeitsgrad gekennzeichnet

- Risiko: die Lösung eines Projektes ist nie sicher, sondern immer mit einem Risiko verbunden

Das spezielle am Projektmanagement ist somit das Management eines spezifischen Projektes. Durch das Herunterbrechen auf ein einzelnes Projekt sollen die im Unternehmen befindlichen Projekte besser ausgenutzt werden.

Ein Projektmanagement durchläuft grundsätzlich die Schritte:

- Analyse

- Planung

- Durchführung und

- Kontrolle

2.4.2.1 Analyse

In der Analyse werden die grundlegenden Vorbereitungen erledigt, die erforderlich sind, um ein Projekt zu starten. Die Analyse umfasst die Ausgangssituation und die Ermittlung der Zielsituation.

2.4.2.2 Planung

In der Planung findet die Vorbereitung des Projektes statt. Die Planung wird aber auch noch während des Projektes angepasst, so dass es sich um einen fortlaufenden Prozess handelt.

Die Planung muss verschiedene Faktoren enthalten:

- Festlegung der relevanten Zielgruppe,

- Erstellung eines Konzeptes,

- Festlegung des Budgets,

- Sicherstellung der Finanzierung,

- Prüfung von Konkurrenzveranstaltungen,

- Vermietungsmöglichkeit von Ständen für Partnerunternehmen,

- Festlegung des Orts der Veranstaltung,

- Prüfung der erforderlichen Genehmigungen,

- Prüfung der rechtlichen Sachverhalte, Abschließen entsprechender Versicherungen,

- Prüfung der Art der Vermarktung, Festlegung der Pressearbeit,

- Catering zusammenstellen.

2.4.2.3 Durchführung

In der Durchführung findet die Steuerung des Projektes statt. Während des gesamten Projektes hat der Projektleiter mit geeigneten Informationen dafür zu sorgen, dass das Projekt richtig fortgeführt wird. Wichtig ist die laufende Gegenüberstellung von Ist- und Planwerten.

2.4.2.4 Kontrolle

In der Kontrolle wird das Projekt in allen Einzelaspekten überwacht. Hier werden bei unerwünschten Ergebnissen Möglichkeiten zur Korrektur gegeben.

2.4.2.5 Besonderheiten bei Incentives

Incentives werden steuer- und sozialversicherungsrechtlich unterschiedlich behandelt. Während Geld- oder Sachprämien als geldwerter Vorteil der Besteuerung und der Sozialversicherung unterliegen, können Incentive-Reisen unter die touristische Bildung fallen und dann weder steuerlich noch sozialversicherungsrechtlich herangezogen werden.

Für Sachprämien gibt es verschiedene Freibeträge im EStG. Beispiele: § 3 Nr. 38 EStG: „Sachprämien, die der Steuerpflichtige für die persönliche Inanspruchnahme von Dienstleistungen von Unternehmen unentgeltlich erhält, die diese zum Zwecke der Kundenbindung im allgemeinen Geschäftsverkehr in einem jedermann zugänglichen planmäßigen Verfahren gewähren, soweit der Wert der Prämien 1.080 Euro im Kalenderjahr nicht übersteigt"; § 8 Abs. 3 EStG: „Erhält ein Arbeitnehmer auf Grund seines Dienstverhältnisses Waren oder Dienstleistungen, die vom Arbeitgeber nicht überwiegend für den Bedarf seiner Arbeitnehmer hergestellt, vertrieben oder erbracht werden und deren Bezug nicht nach § 40 pauschal versteuert wird, so gelten als deren Werte abweichend von Absatz 2 die um 4 Prozent geminderten Endpreise, zu denen der Arbeitgeber oder der dem Abgabeort nächstansässige Abnehmer die Waren oder Dienstleistungen fremden Letztverbrauchern im allgemeinen Geschäftsverkehr anbietet. Die sich nach Abzug der vom Arbeitnehmer gezahlten Entgelte ergebenden Vorteile sind steuerfrei, soweit sie aus dem Dienstverhältnis insgesamt 1080 Euro im Kalenderjahr nicht übersteigen." Siehe auch § 37b EStG zur Pauschalierung von Sachzuwendungen.

2.5 Medienmanagement

2.5.1 Begriffsbestimmung (Medien und Medienmanagement)

2.5.1.1 Publikumsmedien

Publikumsmedien sind an den Endverbraucher adressierte, der Allgemein zugängliche Medien. Zu den Publikumsmedien zählen Printmedien, TV, Radio, Internet oder Reisemessen.

Zu den Publikumsmedien gehören auch Newsletter. Newsletter haben verschiedene Vorteile:

- Kunden werden direkt angesprochen,

- schnelle Übermittlung von Informationen an Kunden,

- sehr kostengünstig,

- Kunden können vorab selektiert werden,

- Erfolg ist messbar,

- Newsletter können direkt mit einem Verkauf verbunden werden.

Technisch lassen sich web-basierte Newsletter und E-Mail-gestützte Newsletter unterscheiden. Bei web-basierten Newslettern wird der Artikel auf der Website hinterlegt und nur der Link dazu versendet. Bei E-Mail-gestützten Newslettern wird der Artikel selbst in der Mail versendet.

Web-basierte Newsletter haben den Vorteil, dass die Artikel langfristig verfügbar bleiben und damit etwa auch von Suchmaschinen gefunden werden. Dafür werden Ergebnisse langsamer erzielt, da der Mail-Empfänger zunächst einen Klick ausführen muss, um den Artikel zu lesen. Insofern gibt es auch Reichweitenverluste, da viele Empfänger überhaupt nicht klicken.

E-Mail-gestützte Newsletter führen dagegen zu schnelleren Ergebnissen, haben dagegen keine langfristigen Ergebnisse, da die Artikel in den Mails nicht von Suchmaschinen erfasst werden.

Möglich ist natürlich eine Verknüfung von Web-basierten- und E-Mail-gestützten Newslettern, indem die Artikel gleichzeitig verwendet und auf der Website hinterlegt werden.

Es zeigt sich aber auch, dass Newsletter häufig nicht gelesen werden oder abbestellt werden. Dies liegt an der Informationsüberflutung der Kunden und der häufig mangelnden Kundenorientierung der Newsletter.

2.5.1.2 Fachmedien

Fachmedien richten sich an eine spezielle Branche und informieren deutlich detaillierter als die Publikumsmedien. Zu den Fachmedien gehören Printmedien, im Tourismusbereich etwa FVW, Fachkongresse oder Messen.

2.5.2 Medienarbeit (Verantwortlichkeiten und Adressaten)

Medienarbeit hat verschiedene Aufgaben:

- Steigerung der Bekanntheit des Unternehmens,

- Imagepflege oder –verbesserung,

- aus den ersten beiden Punkten resultierend eine Steigerung des wirtschaftlichen Ergebnisses,

- Einsatz in der Krisenbewältigung,

- etc.

Als Adressaten für Medienarbeit stehen verschiedene Gruppen zur Verfügung:

- regionale und überregionale Tageszeitungen,

- Spezialzeitschriften,

- Sportmagazine,

- Radio-Sender,

- TV-Sender,

- Internet,

- Messen,

- Reisebüros,

- Reiseveranstalter,

- Tourismusverbände,

- Lobbyisten,

- etc.

2.5.2.1 Pressemitteilung

Beim Verfassen von Pressetexten sind verschiedene Fehler zu vermeiden:

- ein Pressetext hat weder Titel noch Datum oder Verfasser,

- kein Voraussetzen speziellen Fachwissens, sollte von jedem verstanden werden,

- Personen werden nur mit Namen, aber ohne Vornamen oder Funktion, verwendet,

- Fachausdrücke und Fremdwörter werden verwendet,

- Ziel ist nicht, Fragen wie wo, wer, was, warum, wann oder wie zu klären,

- Schlussfolgerungen oder Zusammenfassungen werden nicht gegeben

2.5.2.2 Pressekonferenz

Pressekonferenzen eignen sich für unterschiedliche Anlässe:

- Neugründungen,

- Vorstellung neuer Produkte,

- bestimmte Ereignisse,

- Krisen,

- etc.

Wichtig ist, dass Pressekonferenzen grundsätzlich unter Kosten-Nutzen-Gesichtspunkten betrachtet werden müssen.

2.5.2.3 Nachbereitung und Erfolgsmessung

Die Nachbereitung im Medienmanagement kann unterschiedliche Schritte umfassen:

- Erfassung aller Presseberichte,

- Erstellung eines Pressespiegels,

- Pressespiegel allen relevanten Personen zusenden,

- Anlegen eines Archivs,

- Kosten-Nutzen-Analyse

Die Erfolgsmessung kann sowohl quantitative als auch qualitative Faktoren umfassen. Zu den qualitativen Fragestellungen zählen:

- welche Medien haben berichtet?

- wurde die richtige Botschaft berichtet?

- wie ist das Kosten-Nutzen-Verhältnis?

In der quantitativen Analyse werden hingegen folgende Faktoren erfasst:

- Auflagenhöhe,

- Erscheinungshäufigkeit,

- Umfang,

- Bildanteil,

- Art des Mediums,

- etc.

3 Tourismus Marketing

3.1 Marketingphilosophie und –konzepte

3.1.1 Die Entwicklung des Marketing im Tourismus

3.1.1.1 Begriff Marketing

Unter Marketing versteht man den Unternehmensbereich, der die Aufgabe übernimmt, Waren und Dienstleistungen zu vermarkten.

Unterscheiden lassen sich normatives, strategisches und operatives Marketing:

- normatives Marketing beschäftigt sich mit den normativen Werten im Marketingmanagement, d. h. beispielsweise der Unternehmensphilosophie oder der Unternehmensethik;

- strategisches Marketing bestimmt den langfristigen Entwicklungsrahmen, die Strategie und die einzusetzenden Konzepte;

- operatives Marketing beinhaltet die Maßnahmenplanung des Marketing-Mix und dessen weitere operative Umsetzung.

3.1.1.2 Wandel der Märkte

Der Tourismusmarkt hat sich in einen Käufermarkt gewandelt. Dem großen Angebot, das durch eine Reihe von Produzenten in ähnlicher Form gestellt wird, steht eine eher geringe Nachfrage von Konsumenten gegenüber. Damit müssen sich die Anbieter zentral auf die Wünsche der Nachfrager konzentrieren und müssen ihr Angebot entsprechend steuern. Die Tourismusfirmen müssen sich entsprechend kundenorientiert aufstellen.

Direkt verbunden mit dem Käufermarkt ist die Aufstellung der Marketingstrategie in eine kundenorientierte (vgl. Kapitel 3.3).

3.1.1.3 Wandel des Tourismus Marketing

Das Tourismus Marketing hat sich im Zeitablauf drastisch verändert. In den 50er Jahren begann das Tourismus Marketing in seiner ersten Phase in einem klassischen Verkäufermarkt, der Markt war fast unbegrenzt aufnahmefähig.

In den 60er Jahren wuchs der Markt weiter, so dass sich Touristikkonzerne bildeten und eine Marktkonzentration einsetzte. Die Unternehmen wurden vor Finanzprobleme gestellt, um das Wachstum zu finanzieren.

In den 70er Jahren schritt die Konzentration voran, das Angebot überstieg die Nachfrage. Aus dem Verkäufermarkt der 50er Jahre wurde der Käufermarkt, der bis heute besteht. Immer stärker wurden marketingpolitische Instrumente eingesetzt, um den Käufer anzusprechen.

Das heutige Tourismus Marketing wird durch verschiedene Merkmale geprägt:

- horizontal konzentrierte Touristikunternehmen,
- Unternehmen werden nach Shareholder und Stakeholder Value-Gesichtspunkten gesteuert,
- Umweltmanagement tritt in den Mittelpunkt,
- kontinuierliche Verbesserungsprozesse sind nötig, um im Markt bestehen zu können,
- Kundenbindung ist zentrale Notwendigkeit der Unternehmen.

3.1.2 Grundlagen des Tourismus Marketing

Der Marketingprozess beinhaltet den Weg von einer Problemstellung hin zur Umsetzung und nachfolgenden Überwachung und Steuerung der Marketingmaßnahme im Marketingcontrolling. Folgende Schritte werden in der Regel durchlaufen:

- Marktforschung und Umfeldanalyse: der Sachverhalt wird im Rahmen der Marktforschung analysiert.
- Zielformulierung: aus den Ergebnissen der Marktforschung werden die Ziele für das Marketing identifiziert und formuliert.

- Strategiefestlegung: die für die Erreichung des Zieles gewählte Stra-tegie wird ausgewählt.

- Marketing-Mix: der geeignete Marketing-Mix wird festgelegt.

- Marketingcontrolling: der Marketing-Mix wird hinsichtlich der Zieler-reichung überwacht.

Damit kann man zusammenfassend feststellen:

Der Marketingprozess setzt sich zusammen aus

- der Analyse des Sachverhaltes,

- der Analyse und Auswahl der Zielmärkte,

- der Entwicklung der Marketingstrategie,

- der Planung des Marketing-Mix und

- des Controllings der Marketinganstrengungen.

3.2 Marktforschung und -analysen

3.2.1 Grundlagen der Marktforschung und ihre Anwendung im Tourismus

Die Marktforschung hat die Aufgabe, die systematische Beschaffung, Verarbeitung und Analyse von marktrelevanten Informationen und Tatbeständen der Gegenwart im Hinblick auf die Beantwortung von Marketingfragen zu erfüllen.

Zu trennen ist in qualitative und quantitative Marktforschung. Während die quantitati-ve Marktforschung Quantitäten erfasst und damit den Ist-Zustand misst, versucht die qualitative Marktforschung, Einstellungen, Meinungen oder Motive zu erforschen. Die Frage geht hier also nach dem Grund für das Verhalten, etwa von Touristen.

In der Marktforschung existieren verschiedene Verfahren. Generell lassen sich

- die Primärforschung und

- die Sekundärforschung

unterscheiden. Die Primärforschung greift auf Methoden der direkten Kundenanspra-che zurück, während in der Sekundärforschung bestehende Daten und Informationen ausgewertet werden, die aus anderen Gründen gesammelt wurden.

Die Sekundärforschung greift beispielsweise auf folgende Informationen zurück:

- Unterlagen des Rechnungswesens

- Allgemeine Statistiken

- Vertriebsstatistiken

- Berichte und Meldungen des Außendienstes

- Frühere Primärerhebungen, die für neue Problemstellungen ausgewertet werden

- Statistisches Bundesamt

- Handwerkskammer

- Bundesstelle für Außenhandelsinformationen (BfAI)

- Deutsche Auslands-Handelskammer, UNO, Weltbank

- Wirtschaftswissenschaftliche Institute

- Kreditinstitute

- Universitäten

- Werbeträger

- Marktforschungs-Institute

- Fachbücher und –zeitschriften

- Firmenverlautbarungen

- Tagungen, Messe

- Internet

Die Vorteile der Sekundärforschung lassen sich wie folgt zusammen:

- Schnelle Beschaffung der Information

- Geringe Kosten

- Teilweise einzig verfügbare Quelle (z.B. Bevölkerungsstatistik)

- Unterstützung der Problemdefinition

- Unterstützung der Durchführung und Interpretation der Primärforschung

=> Sekundärforschung ist immer als erstes zu nutzen!

Neben diesen Vorteilen bestehen aber auch eine Reihe von Nachteilen:

- Informationen sind nicht vorhanden

- Geringe Aktualität

- unspezifisch

- Exklusivität fehlt

- zu hohe Aggregation

- oft fehlen Angaben zur Erhebungsmethodik

Damit ist die Primärforschung häufig die bessere Methode zur Messung der Kundenzufriedenheit. In der Primärforschung lassen sich wiederum verschiedene Methoden
unterscheiden:

1. Befragung (Kunden werden befragt)

- mündliche Befragung (hohe Erfolgsquoten, aber teuer und hoher Einfluss des Inter-
viewers auf die Antworten);

- Leitfadengespräche (dem Fragenden werden nur Leitfäden mitgegeben, das Gespräch führt dieser nach eigenem Ermessen)

- schriftliche Befragung (der Kunde erhält einen Fragebogen, den er schriftlich auszu-
füllen hat, niedrige Erfolgsquote, aber geringe Kosten, keine Kontrollen möglich)

- telefonische Befragung (der Kunde wird angerufen, rasche Durchführbarkeit zu relativ geringen Kosten, aber nur eingeschränkt umsetzbar (nur Telefonbesitzer, manche
Themen sind telefonisch nicht abfragbar))

- computergestützte Befragung (der Kunde kann die Befragung im Internet durchführen, kostengünstig, aber nicht alle Zielgruppen sind erreichbar, Stichprobenauswahl
ist nicht durchführbar)

Die zu stellenden Fragen können unterschiedlich ausgeprägt sein. Man unterscheidet beispielsweise offene Fragen, bei denen keine Antworten vorgegeben werden,
und geschlossene Fragen, bei denen alle möglichen Antworten vorgegeben sind.

2. Beobachtung (Kunden werden beobachtet)

- teilnehmende (Kunden wissen von der Beobachtung)

- nicht teilnehmende (Kunden wissen nichts von der Beobachtung)

3. Experiment

- Laborexperiment

- Feldexperiment

4. Panel

- Handelspanel

- Haushaltspanel

- Unternehmenspanel

Die Auswertung der Primärforschung erfolgt mit statistischen Methoden. Hierzu stehen eine Vielzahl unterschiedlicher Methoden zur Verfügung, die je nach den Daten, die zur Verfügung stehen, angewendet werden.

Wichtig sind geeignete Einstiegsfragen an die Kunden. So sind solche Fragen zu stellen, durch die der Kunde nicht einfach das Gespräch beenden kann.

3.2.2 Marktanalyse

Bei einer Marktanalyse findet eine einmalige, auf einen bestimmten Zeitpunkt bezogene Analyse eines abgegrenzten Marktes statt. Davon zu trennen ist die Marktbeobachtung, bei der ein abgegrenzter Markt über einen längeren Zeitraum betrachtet wird.

Zu unterscheiden sind der Marktanteil und das Marktpotenzial:

- Marktanteil ist der Ist-Anteil eines Unternehmens am relevanten Markt

- Marktsättigung ist der Anteil des relevanten Marktes am gesamten Marktpotenzial

Beispiel:

Die Reise-AG hat betreffend Zielmarkt A einen Umsatz von 100 Mio. €. Die Konkurrenten kommen auf einen Umsatz von 300 Mio. €. Der Marktanteil liegt damit bei

$$\text{Marktanteil} = \frac{100}{300+100} = 25\%.$$

Insgesamt sehen Experten für Zielmarkt A ein Marktpotenzial von 1 Mrd. €. Die Marktsättigung beträgt damit $\frac{400}{1000}$ = 40%.

Unter der Marktsegmentierung versteht man die die Aufteilung eines Gesamtmarktes in Untergruppen. Dabei ist der Anspruch zu stellen, dass die Untergruppen bezüglich ihrer Marktreaktion intern homogen und untereinander heterogen reagieren.

Die Marktsegmentierung besteht aus folgenden Schritten:

1. Markterfassung,

2. Marktaufteilung und

3. Marktbearbeitung

Nach der Marktbearbeitung wird das Marktsegment mit den geeigneten Marketinginstrumenten bearbeitet.

Marktsegmente lassen sich beispielsweise nach Zielgruppen, d. h. unterschiedlichen Kundengruppen ordnen.

Wichtig ist, dass die Marktsegmentierung immer situativ ist, d. h. es gibt keine dauerhafte Marktsegmentierung. Es können auch mehrere Segmentierungen parallel bestehen.

3.3 Marketingziele und Marketingstrategien

3.3.1 Aufgaben und Ziele des strategischen Marketing

Marketingziele sind die angestrebten zukünftigen Zustände, die durch Entscheidungen erreicht werden sollen. Aus den Marketzingzielen werden die Marketingstrategien entwickelt und aus diesen die operative Umsetzung im Rahmen des Marketing-Mix.

Im Tourismusmarkt muss die Marketingstrategie generell eine kundenorientierte sein (vgl. Kapitel 3.1.1.2), da sich dieser Markt zu einem Käufermarkt gewandelt hat. Primäre Aufgabe ist es damit, die geeigneten Kundengruppen auszuwählen und entsprechende Marketingaktivitäten zu starten. Ökonomische Marketingziele umfassen quantitative Größen wir Umsatz, Marktanteil oder Ergebnis. Dagegen umfassen außerökonomische Marketingziele qualitative Faktoren wie Image, Kundenbindung, etc.

Generell lassen sich strategische und operative Marketingziele unterscheiden. Während operative Marketingziele kurzfristig erzielbar sind, stellen strategische Marketingziele langfristige Ziele dar.

Strategische Marketingziele sind beispielsweise:

- Marktdurchdringung: mit den gleichen Produkten soll ein größerer Anteil an der der Zielgruppe erreicht werden. Beispiele für Marktdurchdringung:

o Erhöhtes Cross-Selling, um bestehende Kunden weiter zu binden,

o Neukundengewinnung,

o Abwerbung von Kunden von Mitbewerbern.

- Marktentwicklung: es werden neue Zielgruppen für die bestehenden Kunden angesprochen. Beispiele für die Marktentwicklung

o Erschließung neuer Absatzgebiete oder neuer Verwendungsberei-che,

o Erweiterung des Produktsortiments,

o Angebot an neue Zielgruppen.

- Diversifikationsstrategie: es werden neue Zielgruppen für neue Kunden angesprochen.

Aus diesen strategischen Zielen lassen sich Unterziele ermitteln. Eine Zielformulierung lautet beispielsweise: „Wir wollen unseren Marktanteil in Nord-rhein-Westfalen im nächsten Jahr von zwei auf sechs Prozent steigern" oder „Wir planen, die Kosten für den Außendienst in Düsseldorf innerhalb der nächsten sechs Monate um 15% zu senken." Eine schlechte Zielformulierung wäre hingegen: „Wir wollen die Kundenzufriedenheit steigern", da diese unpräzise ist.

Typische operative Marketingziele sind beispielsweise

- Umsatz

- Deckungsbeitrag

- Absatz

- Preise und

- Marktanteile.

Diese Ziele werden abgeleitet aus den unternehmerischen Oberzielen, die beispielsweise Rentabilitätsziele sein können.

Marketingstrategien beinhalten langfristige, globale Verhaltenspläne zur Erreichung der Marketingziele eines Unternehmens. Voraussetzung für ihre Erstellung ist die Definition der kurz-, mittel- und langfristigen Marketingziele. Die Marketingstrategie umfasst die vier Bereiche des Marketing-Mix: Produkt-, Konditionen-, Kommunikations- und Distribution -Politik.

Beispiele für Marketingstrategien sind:

- Preisführerschaft,

- Kostenführerschaft,

- Qualitätsführerschaft,

- Innovationsführerschaft

Die grundlegenden anwendbaren Strategiearten sind die Marktsegmentierung und die Wettbewerbsstrategien. Unterstützt wird die Formulierung der Marketingstrategie durch die verschiedenen Techniken der Marketingplanung. Die Marktsegmentierung ist bereits in Kapitel 3.2.5.2 behandelt worden.

Unter einer Wettbewerbsstrategie versteht man eine am Wettbewerber orientierte Geschäftspolitik, wobei man versucht, die Branchenposition zu verbessern. Typische Instrumente sind:

- die Kostenführerschaft oder

- die Differenzierung.

Bei der Kostenführerschaft versucht das Unternehmen, der kostengünstigste Anbieter einer Branche zu werden. Bei der Differenzierung versucht man hingegen, sich mit seinen Produkten gegenüber dem Wettbewerb zu differenzieren.

Es lassen sich verschiedene Instrumente einsetzen, mit denen die Formulierung der Marketingstrategie unterstützt werden kann.

72

Branchenstrukturanalyse

Die Branchenstrukturanalyse – auch Fünf-Kräfte-Modell genannt – basiert auf der Annahme, dass die Branchenattraktivität durch fünf Wettbewerbskräfte bestimmt wird:

1. der brancheninterne Wettbewerb

2. Verhandlungsmacht der Abnehmer

3. Verhandlungsmacht der Lieferanten

4. Bedrohung durch Ersatzprodukte

5. Bedrohung durch neue Anbieter

Je stärker die Bedrohung durch diese fünf Wettbewerbskräfte ist, umso unattraktiver ist die Branche.

Konkurrenzanalyse

Ziel der Konkurrenzanalyse ist es, mittels der Informationen über die Konkurrenten eine Abgrenzung zu diesen zu erreichen. Indem man die relevanten Informationen über die Konkurrenten beschafft und auswertet, soll ein Einblick in deren Wettbewerbsstärke gefunden werden.

Die dargestellten Instrumente münden im Marketingplan. Der Marketingplan dient als „Fahrplan" für die Umsetzung der formulierten Marketingstrategie. Er beinhaltet die strategischen Marketingziele und definiert die zur Durchführung notwendigen Maßnahmen. Beispiele, die der Marketingplan enthält, sind:

- Definition kurz-, mittel- und langfristiger Marketingziele

- Analyse der Zielgruppe

3.3.2 Strategische Analysen

3.3.2.1 Stärken-, Schwächen-, Chancen-, Risiken-Analyse (SWOT-Analysis)

In der SWOT-Analyse werden die Stärken (Strength), Schwächen (Weaknesses), Chancen (Opportunities) und Risiken (Threats) des Unternehmens dargestellt. Ein typischer Aufbau zeigt nachfolgende Abbildung mit einem Beispiel aus der Automobilindustrie:

	Chancen	Risiken
Stärken	Starke Nachfragebelebung bei verbrauchsgünstigen TDI (Diesel-) Motoren als Folge einer drastischen Mineralölsteuererhöhung	die chinesische Regierung erlaubt zahlreiche Konkurrenten den Aufbau von Fabriken in China ohne weitere Auflagen
	Nachfrageverlagerung von Oberklasse- zu Mittelkasse-PKW aufgrund wachsender Preissensibilität der Verbraucher	Schwächen der Marke VW aufgrund umfassender Verwendung von Gleichteilen bei allen Konzerngesellschaft; VW, Seat, Skoda werden austauschbar (Mehrmarkenstrategie wird statt zur Chance zu einem Risiko)
Schwächen	Starkes Marktanteilswachstum leistungsstarker Sport- und Fun-PKW	Starkes Nachfragewachstum in der Kompaktwagenklasse in den USA aufgrund steigender Benzinpreise und schlechter Wirtschaftsentwicklung; geringe Partizipation am US-Marktwachstum wegen niedrigen VW-Marktanteils in den USA
	Nachfragesteigerung bei zweisitzigen, elektrisch betriebenen Stadtautos aufgrund technischer Innovationen außerhalb des Unternehmens	

Typische Chancen in der Tourismusindustrie sind:

- Trend zu Nischenprodukten bzw. zielgruppenspezifischem Angebot (Golfreisen etc.),

- Trend zu nachhaltigem Tourismus,

- Sicherheitsbedürfnis der Touristen steigt,

- etc.

Die typischen Risiken sind:

- Umweltprobleme werden größer,

- Preisniveau ist hoch,

- Verkehrsprobleme

- etc.

3.3.2.2 Lebenszyklusanalyse

Unter dem Produktlebenszyklus versteht man den Prozess zwischen der Markteinführung bzw. Fertigstellung eines marktfähigen Gutes und seiner Herausnahme aus
dem Markt. Man unterteilt dabei das „Leben" des Produktes in folgende vier Phasen:

- Entwicklung und Einführung: hohe Kosten für Werbung und Vertrieb bei geringen Umsätzen, unbekannte Zielgruppe,

- Wachstum: Ansteigen der Umsätze, positive Ergebnisentwicklung, Marktanteile steigen, erste Akzeptanz des Produktes,

- Reife/Sättigung: Produkt wird vollumfänglich akzeptiert, Wachstum flacht ab,
Wettbewerb steigt, Umsatz und Ergebnis stagnieren oder gehen langsam zurück,

- Schrumpfung/Degeneration: Nachfrage sinkt, Umsätze und Gewinne sinken,
Etablierung von Produktvariationen oder Rückzug aus dem Markt.

Der Erfahrungskurven-Ansatz basiert auf der Feststellung, dass branchenübergrei-
fend mit jeder Verdopplung der kumulierten Produktionsmenge die Stückkosten um
i. d. R. 20 bis 30 Prozent zurückgehen. Gründe hierfür sind etwa die Fixkostende-
gression, aber auch Lernkurveneffekte.

3.3.2.3 Portfolioanalyse

Die Portfolio-Analyse stammt aus der Finanzwirtschaft und wurde ursprünglich für die
Ermittlung des optimalen Portfolios geschaffen.

Die Boston Consulting Group (BCG) hat hieraus das Marktwachstum-Marktanteil-Portfolio entwickelt, das anhand der Kritierien Marktwachstum und Marktanteil die Geschäftseinheiten eines Unternehmens einordnet.

Folgende Empfehlungen bestehen für die vier Felder der Matrix:

- Cash-cows: Gewinne abschöpfen

- Stars: Marktanteil halten oder ausbauen

- Fragezeichen: bei hohem Wachstum ist der Marktanteil noch niedrig. Hier liegen die Zukunftshoffnungen des Unternehmens

- Arme Hunde: Marktanteil senken oder Geschäftseinheit veräußern

3.3.3 Unternehmen (Kultur, Zweck, Leitbild, Corporate Identity und Corporate Image)

Das Unternehmensleitbild wird durch die Werte und Grundeinstellungen des Managements gebildet. Diese sind natürlich abhängig von den gesamtgesellschaftlichen Umweltfaktoren wie der Kultur.

Dagegen stellen die Leitmaximen im Unternehmen die Unternehmensphilosophie dar. Hierunter versteht man das Verhältnis des Unternehmens zu den Mitarbeitern, Anteilseignern, Kunden, Lieferungen usw.

Letztlich ist Corporate Identity die vom Unternehmen selbst gewählte Identität, durch die man sich am Markt positioniert bzw. versucht, Mitarbeiter ans Unternehmen zu binden.

3.3.4 Marketingziele

An die Zielformulierung sind fünf Anforderungen zu stellen:

- Zielgröße

- Objektbezug

- Käufersegmentbezug

- Ausmaß des Zieles

- Zeitbezug

Beispiel:

Hotel X setzt sich das Ziel, die Kapazität (Zielgröße) in der Haupturlaubssaison durch All-Inclusive-Bucher (Produkt, Käufersegmentbezug) von 50% auf 80% (Ausmaß des Zieles) innerhalb von zwölf Monaten (Zeitbezug) zu erhöhen. Damit soll der Anteil von Pauschaltouristen erhöht werden.

3.3.5 Marketingstrategien

Generell lassen sich folgende Strategien unterschieden:

- Marktfeldstrategien:

    o Marktdurchdringung: altes Produkt im alten Markt

    o Marktentwicklung: altes Produkt im neuen Markt

    o Produktentwicklung: neues Produkt im alten Markt

    o Produktdiversifikation: neues Produkt im neuen Markt

- Marktstimulierungsstrategie

    o Präferenzstrategie: Qualitätsführerschaft

    o Preis-/Mengenstrategie: Kosten- und Preisführerschaft

- Marktparzellierungsstrategien

    o Massenmarktstrategie

    o Segmentierungsstrategie

Bei einer friedlichen Konkurrenzstrategie wird mit dem Konkurrenten in bestimmten Situationen – etwa auf Messen – kooperiert.

3.4 Marketing Instrumente

3.4.1 Marketing-Mix und Marketing-Submix

Unter Marketing-Mix versteht man die Auswahl, Gewichtung und Ausgestaltung der absatzpolitischen Marketinginstrumente. Der Marketing-Mix enthält im Tourismus Marketing die drei Teile

- Leistungspolitik,

- Kommunikationspolitik und

- Distributionspolitik.

Die Leistungspolitik enthält Produkt- und Preispolitik, die in anderen Branchen gleichgestellt mit Kommunikations- und Distributionspolitik sind, hier aber nur Teil der Leistungspolitik sind.

3.4.2 Produktpolitik

Die Produktpolitik nimmt innerhalb des Marketing-Mix eine hervorgehobene Position ein. Sie wird auch als „Herz des Marketing" bezeichnet.

So hat die Produktpolitik die

- Entwicklung neuer Erzeugnisse sowie die

- Verbesserung, Ergänzung und Elimination vorhandener Produkte im Sinne von einer attraktiven Gestaltung des Absatzprogramms

zur Aufgabe. Für die Überlebensfähigkeit des Unternehmens ist dies im Wettbewerb von zentraler Bedeutung. Ein auf den Nachfrager ausgerichtetes Leistungsprogramm soll die Erreichung der Marketing- und Unternehmensziele langfristig garantieren.

Als zentrale Zielsetzung der Produktpolitik ist die Ausrichtung des Angebotspro-gramms an den Bedürfnissen der Nachfrager, zu verstehen, um dadurch einen dau-erhaften Wettbewerbsvorteil zu generieren. Werden alle angebotenen Produkte be-züglich derer Funktion, Qualität, Design und symbolischen Nutzen den Erwartungen der Nachfrager gerecht, kann die zentrale Zielsetzung erreicht werden.

Die Instrumente der Produktpolitik sind:

- Produktinnovation: das Schaffen neuer Produkte,

- Produktvariation: die Veränderung bestehender Produkte,

- Produktelimination: die Herausnahme von Produkten aus dem Angebot.

3.4.3 Preispolitik

3.4.3.1 Preisstrategien

3.4.3.1.1 Skimmingstrategie

Die Skimmingstrategie, auch Skimming Pricing oder Abschöpfungspreissetzung genannt, beinhaltet eine sukzessive Preissenkung im Zeitablauf eines Produktes. Bei
Angebotsbeginn kommt es durch die Nutzung der niedrigen Preiselastizität der Nachfrage zur Abschöpfung der Konsumentenrente.

Vorteile: - Nutzung eines Investitionsgrades durch größere Preisakzeptanz

          - Realsierung kurzfristiger Gewinne und dadurch schnellere Kapitalamorti-
sation

          - Hohe Nachfragewirkung durch spätere Preissenkungen (Produktexklusi-
vität)

          - Unterstützung der Premiumpositionierung durch Qualitätsindikatoren des
Preises

          - Spielraum innerhalb der Preisanpassung

Risiken: - hohe Anfangspreise ermutigen potentielle Konkurrenz zum Markteintritt

          - Gefahr der Interpretation der später sinkenden Preise als Indikator für
sinkende Qualität und Exklusivität

3.4.3.1.2 Premiumstrategie

Von einer Premium- oder Prämienstrategie wird im Fall einer Hochpreisstrategie gesprochen. Nicht der Preis, sondern die angebotene Leistung steht dabei im Fokus.

Ziel: Angebot eines überlegenen Nutzens zu einem sogenannten Prämienpreis

Der von dem Nachfrager subjektiv empfundene Wert (Value) des Produktes ist Grundlage der Preisfestsetzung (Value Pricing). Der Nutzen lässt sich nicht allein aus der Produktqualität ziehen. Er setzt sich aus der Gestaltung aller Marketinginstrumente zusammen. Jene Unternehmen, welche eine Premiumstrategie verfolgen, müssen in der Lage sein, einen im Vergleich zur Konkurrenz spürbar höheren Preis über einen längeren Zeitraum zu verteidigen. Folglich kann dies zu extrem hohen Gewinnen führen, sofern der Mehrumsatz nicht durch äußerst hohen Kosten aufgebraucht wird. Beispiele: Ferrari, Porsche

3.4.3.1.3 Penetrationsstrategie

Die Penetrationsstrategie, auch Penetrationspreissetzung genannt, beinhaltet eine sukzessive Preiserhöhung im Zeitablauf eines Produktes. Die schnelle Gewinnung von Marktanteilen ist das Hauptziel.

Unter folgenden Bedingungen ist die Anwendung der Penetrationsstrategie sinnvoll:

- auf dem Markt werden bereits funktional gleiche oder ähnliche Produkte zu höheren Preisen angeboten; Nachfrager können mit ihrer bisherigen Kauferfahrung innerhalb der Warengruppe die Qualität des Neuprodukts besser bewerten und empfinden ein geringes Kaufrisiko
- Aufbau von Markteintrittsbarrieren
- Preissensible Marktsegmente
- Markenimage

Vorteile: • Schnelle Mengenkumulation in Folge niedriger Einführungspreise

• Erzielbarer Marktvorsprung trotz geringer Leistungsüberlegenheit

• Signalisierung harter Konkurrenzbedingungen mit hohem Risiko durch niedrige Preise

• Motivierung zu Probierkäufen; Öffnung des Marktes für hohe Stückzahlen

• Geringe Flopgefahr bei niedrigem Preisniveau

Risiken: • Keine Abschöpfung der maximalen Preisbereitschaft (Konsumentenrente) möglich

- lange Amortisationszeit des eingesetzten Kapitals durch langsamen Mittelrückfluss

- Ungünstige Liquiditätssituation angesicht des schleppenden Finanzmittelrückflusses

- Geplante Preiserhöhungen lassen sich meist schlecht durchsetzen (vgl. BRODA: Marketing-Praxis, S. 242)

3.4.3.1.4 Promotionsstrategie

Promotions gelten als Engagement und positives Signal der Hersteller gegenüber den Wiederverkäufern, deren Gunst für das Produkt gesteigert werden soll. Mit Hilfe der Promotionsstrategie soll in hohem Maße Aufmerksamkeit auf das jeweilige Produkt erregt und der Markenwert gestärkt werden. Weitere Aufgaben und Ziele der Promotionsstrategie lauten:

- Gewinn neuer Kunden für den Erst- und späteren Wiederkauf → Erhöhung der Marktanteile

- Kurzfristige Steigerung des Absatzes

- Reduzierung von Lagerbeständen

- Erhöhung des Kundenverkehrs am Verkaufspunkt → Erzeugung von Cross-Selling-Effekte

- Nachhaltige Steigerung der Erträgen von Herstellern und Händlern

Untersuchungen der Ertragseffekte von Promotions haben ergeben, dass Preisreduktion, Organisation und Bewerbung der Sonderaktionen oft derart kostspielig sind, dass die erlangten Mehreinnahmen die verursachten Kosten nicht ausgleichen können. Erschwerend kommt hinzu, dass die getätigten Preisnachlässe Langzeiteffekte aufweisen, die zu einem Preisniveau führen, welches langfristig unter dem vor Aktionsstart liegt.

3.4.3.2 Konditionenpolitik

Die Konditionenpolitik gestaltet die Rahmenbedingungen für das Angebot von Produkten und Dienstleistungen. Sie kann auf der Anbieterseite als Modifikation des Grundpreises, mit dem Ziel, den Kunden zu beeinflussen, angesehen werden. Zu den Elementen der Konditionenpolitik gehören:

1. Rabattpolitik

   Bei der Rabattgewährung wird ein prozentualer oder absoluter Abschlag auf den Endverbraucher- oder Herstellerabgabepreis vorgenommen.

   Definition: Rabatte sind unterschiedliche Arten von Preisnachlässen, die im Vergleich zum Normal- oder Listenpreis bei Rechnungsstellung gewährt werden.

   Rabattformen/-arten:

   Funktionsrabatt, Mengenrabatt, Bonus, Barzahlungsrabatt: Skonto, Delkredere- und Inkassorabatt, Zeitrabatt, Treuerabatt

2. Lieferungs- und Zahlungsbedingungen

   Definition: Lieferungs-und Zahlungsbedingungen stellen im Rahmen eines Kaufvertrages einen Katalog von Bestimmungen und Regelungen dar, welche den Inhalt und das Ausmaß der angebotenen bzw. erbrachten Leistungen spezifizieren.

3.4.4 Distributionspolitik

Die distributionspolitischen Bemühungen zielen darauf ab, die räumliche und zeitliche Distanz zwischen Produktion und den Nachfragern zu überwinden, aber auch darauf, durch die entsprechende Gestaltung dieses Bereichs potentiellen Kunden den Erwerb der Leistungen optimal zu ermöglichen.

Ziele:

- eine angemessene Verfügbarkeit der eigenen Produkte am Markt

- Kostenminimierung (Reduktion von Kosten für den Vertrieb)

- Hohe Einflussnahme (Einfluss für Hersteller bzgl. Vermarktung und Präsentation der Produkte)

Zu den zentralen Aufgaben gehören die Wahl des Absatzweges, die Bestimmung des Absatzorgans und Logistikentscheidungen.

3.4.5 Kommunikationspolitik

Die Werbeplanung umfasst die strategische und die operative Planung. In der strategischen Werbeplanung werden folgende Fragestellungen beantwortet:

- in welchem Gebiet soll geworben werden?
- welche Medien soll eingesetzt werden?
- wie soll das Budget auf die einzelnen Medien verteilt werden?
- wann und wie oft soll geworben werden?
- in welcher Größe, in welchen Farben, in welchem Druck soll geworben werden?

In der operativen Werbeplanung werden dagegen folgende Faktoren ausgesucht:

- Headline,
- Angebote,
- Schriftzüge,
- Bilder und Grafiken,
- Zusatzinformationen über die angebotenen Destinationen,
- usw.

Die Werbeplanung durchläuft folgende Schritte:

1. Bestimmung der Werbeziele,
2. Bestimmung des Budgets,
3. Aufteilung des Budgets auf die einzelnen Werbeträger,
4. Abgrenzung der Zielgruppen,
5. Formulierung der zentralen Werbebotschaft,

6. Werbemittelgestaltung verbunden mit der Intermediaselektion,

7. Intramediaselektion,

8. zeitliche Verteilung des Budgets,

9. Kontrolle

Alle Schritte können allerdings ineinander übergehen, wenn sich in einem späteren Schritt, dass ein früherer Schritt geändert werden sollte.

Die richtige Auswahl der Werbeobjekte ist eine bedeutende Aufgabe, da die potentiellen Kunden nur dann auf die Werbung reagieren, wenn sie mit dem beworbenen Artikel oder der Dienstleistung eine konkrete Nutzenerwartung verbinden.

Bei der Auswahl der Werbeobjekte ist folgendes zu beachten:

- die Auswahl der Werbeobjekte muss sich vorrangig am Kunden orientieren, vor allem wenn sich bestimmte Objekte (z. B. Sonderangebote) für zielgruppenspezifische Werbemaßnahmen eignen

- da das Werbebudget meist finanziellen Restriktionen unterliegt, ich es nicht immer möglich, alle erfolgversprechenden Werbeobjekte in die Werbemaßnahmen einzubeziehen bzw. diese mit der gewünschten Intensität herauszustellen

- Einfluss von im voraus getroffenen Entscheidungen hinsichtlich der Werbemittel oder pauschal belegter Werbeträger

Kriterien zur Auswahl von Werbeobjekten:

- an Zielvorgaben orientierte Auswahlkriterien (kosten- und erlöswirtschaftliche Aspekte)

- Auswahl von Werbeobjekten aufgrund von Verbundbeziehungen

- Werbeobjektauswahl aufgrund von Werbekostenzuschüssen der Hersteller sowie insbesondere

- imagebezogene Auswahlkriterien

Die Werbung hat es zur Aufgabe, über Existenz, Eigenschaften und Bezugsbedingungen von Produkten/Dienstleistungen zu informieren.

Formale Ziele: zeitliche Fixierung und präzise Formulierung

| Ökonomische Ziele: | Umsatzexpansion (z.B. Steigerung der wertmäßigen Nachfrage) und Kostendegression (z.B. Auslastung nachfrageschwacher Zeiten) |
| Außerökonomische Ziele: | Steigerung von Aufmerksamkeit (z.B. einprägsame Headline), Kenntnis (z. B. Erhöhung des Bekanntheitsgrades) und Interesse (z. B. neues Produkt). |

Weitere Ziele:

- *Bekanntmachung:* Existenz des Produktes wird bei potentiellen Kunden bekannt gemacht

- *Information*: Produktinformationen, über z. B. Preis, Bezugsquelle, technische Daten

- *Imagebildung:* Produkt und Unternehmen sollen bei den Umworbenen einen guten Eindruck hinterlassen

- *Handlungsauslösung*: Der Kunde soll zum Kauf bewegt werden

In der Regel soll die Werbung zielgruppenspezifisch in den Kaufentscheidungsprozess eingreifen. Aus diesem Grund muss die Zielgruppendefinition zu Beginn stattfinden. Es kann dabei auf demographischen, psychographischen oder auch typologischen Segmentierungskriterien zurückgegriffen werden.

Es wird zwischen internen (z. B. Angestellte des Unternehmens) und externen Zielgruppen unterschieden.

Definition nach *BARTH/HARTMANN/SCHRÖDER: Betriebswirtschaftslehre des Handels, S. 229):*
Bei der zentralen Werbebotschaft geht es um die Fixierung der inhaltlichen Grundkonzeption, die es zu kommunizieren gilt. Dabei gibt sie keine Gestaltung (Verbalisierung, Visualisierung) vor, sondern gibt lediglich an, WAS inhaltlich über das Werbeobjekt ausgesagt werden soll. Festlegungen darüber WIE die Werbebotschaft in Werbemittel zu gestalten ist, sind in Verbindung mit der Wahl der Werbemittel zu treffen.

Der kreative Part der Werbung folgt mit der inhaltlichen Festlegung der Werbebotschaft („WAS" soll kommuniziert werden). Daher beschäftigt man sich lediglich mit einigen ausgewählten Grundprinzipien der Festlegung von Werbebotschaften. Dabei handelt es sich um folgende fünf Bereiche:

1. Definition der Zielgruppe

2. Unverwechselbares Leistungsversprechen

3. Unterstützende Beweisführung (Anwendung folgender Techniken: Meinungsführer ansprechen, Vertrauenswürdigkeit des Werbenden betonen, Durchschaubarkeit der Werbeabsicht verhindern, Ähnlichkeiten zwischen Empfänger und Sender herausstellen, Referenzen nutzen)

4. Tonality („WIE" wird die Werbebotschaft präsentiert → Grundton der Werbung)

5. Geschäftsstättenimage (Unterstützung des Leistungsversprechens mittels Slogan und Signet)

USP = Unique Selling Proposition = einzigartiger Produktvorteil; Alleinstellungsmerkmal

Beispiel: Nationalpark als Garant für eine intakte Landschaft

UAP = Unique Advertising Proposition = einzigartiges Werbeversprechen oder spezieller

Punkt, welcher in der Werbung stark hervorgehoben wird, z.B. ein Produktvorteil, den andere Produkte auch haben, aber in der Werbung nicht speziell erwähnen

Beispiel: „...wäscht nicht nur sauber, sondern rein." - Ariel

Die Copy-Strategie bildet die Grundlage für die konkrete Ausgestaltung (Inhalt und Form) der Kommunikations-mittel zur wirkungsvollen Übermittlung des Nutzenversprechens des Kommunikationsobjektes (brand promise) an die Zielgruppen.

Zu den Elementen der Copy-Strategie gehören:

- **Positionierung** (unverwechselbares Nutzenangebot (USP))

- **Zielgruppen** (Ableitung der Zielgruppen aus der Positionierung heraus; Definition der

  Merkmale und des Anspruchsniveaus)

- **Consumer benefit** (Art/Ansatz den Produktnutzen in Form eines glaubhaften Produktversprechens zu kommunizieren

- **Reason Why** (nachvollziehbare Begründung eines Produktversprechens)

- **Werbeidee** (Art und Weise der werblichen Präsentation zur Erreichung der Nachvollziehbar-keit und Akzeptanz der Werbeaussage)
- **Tonality** (Art des werbliche Grundtons/Werbeauftritts, „atmosphärische Verpackung" der Werbebotschaft)

Sowohl der erzielbare Werbeerfolg als auch die anfallenden Werbekosten sind von der Werbemittelgestaltung abhängig. Die erzielbare Werbemittelreichweite ist u. a. von der bedingten Werbemittelkontaktwahrscheinlichkeit beeinflusst.

Die aus den Werbezielen abgeleiteten Werbebotschaften werden in Werbemitteln gebündelt und dargestellt. Es gilt die Fragen zu beantworten, welche Werbemittel grundsätzlich verwendet werden und welche Werbemittel letztlich zur Erfüllung der Werbeziele beitragen und somit in der Werbekampagne eingesetzt werden sollten. Inzwischen gibt es eine Vielzahl von Werbemitteln. Als übergeordnete Werbemittel sind Printwerbung, Außenwerbung, Direktwerbung, Film-, Funk- und Fernseh- sowie Internet-Werbemittel einsetzbar.

Die Planung des Werbemitteleinsatzes birgt ein Auswahlproblem, welches unter Berücksichtigung des ökonomischen Prinzips (Maximierung der Werbewirkung bei gegebenem Werbeetat bzw. Erreichung einer bestimmten Werbewirkung mit minimalen Werbekosten) zu lösen gilt. Exakt kann jedoch die Werbewirkung aus der rein ökonomischen Sichtweise nicht bestimmt werden. Somit müssen Ersatzkriterien bei der subjektive Lösung des Problems unterstützen.

Somit sind z. B. folgende **Kriterien für die Werbemittelauswahl** einsetzbar: Kosten, Durchdringung der Zielgruppe, Aktualität, Flexibilität des Einsatzes, Image und Glaubwürdigkeit, Darstellungsmöglichkeiten

Das **Ziel der Werbemittelauswahl** besteht im Erhalt von Klarheit über die Form, in welcher die Botschaft zum Empfänger gelangen soll. Um aus ökonomische Gründen die Streuverluste zu minimieren, wird untersucht, wie ein gegebener Prozentsatz der Zielgruppe mit den geringsten Kosten erreicht bzw. wie ein höchstmöglicher Prozentsatz der Zielgruppe mit gegebenem Etat erreicht werden kann.

Der Erfolg einer Werbeaktivität kann ermittelt werden durch:

- **Kennzahlen:** Gewinnzuwachs, Absatz- und Umsatzzuwachs, Steigerung des Marktanteils

- **einstufige Befragung:** direkte Kundenansprache nach dem Kauf, ob aufgrund einer Werbekampagne der Kauf stattfand und welche Werbekontakt es gab. Dadurch kann jedem Werbeträger/Werbemittel ein genauer Umsatz gegenübergestellt werden

- **Gebietsverkaufstest:** temporäre Abgrenzung des Absatzgebietes in Teilmärkte mit gleicher Strukturierung; die Werbekampagne findet im Testmarkt statt, nicht im Kontrollmarkt; exakte Feststellung über die Entwicklung im Testgebiet im Vergleich zum Kontrollgebiet. (z. B. geeignet bei Filialunternehmen – hier etwa Reisebüros)

Public Relations (Öffentlichkeitsarbeit)

Definition: Public Relations (Öffentlichkeitsarbeit) als Kommunikationsinstrument bedeutet die Analyse, Planung, Durchführung und Kontrolle aller Aktivitäten eines Unternehmens, um bei ausgewählten Zielgruppen (extern und intern) primär um Verständnis sowie Vertrauen zu werben und damit gleichzeitig kommunikative Ziele des Unternehmens zu erreichen.

Die Aufgaben und Ziele der Public Relations werden in der nachfolgenden Darstellung nach *BRUHN, Marketing 2007, S. 399* aufgeführt:

Informationsfunktion: Vermittlung von Informationen nach innen (Unternehmen) und nach außen (Öffentlichkeit)

Führungsfunktion: Repräsentation geistiger und realer Marktfaktoren und Schaffung von Verständnis für bestimmte Entscheidungen

Imagefunktion: Aufbau, Änderung und Pflege des Vorstellungsbildes von einem Meinungsgegenstand (z.B. Personen, Organisationen, Sachen)

Stabilisierungsfunktion: Erhöhung der „Standfestigkeit" des Unternehmens in kritischen Situationen aufgrund der stabilen Beziehungen zu den Teilöffentlichkeiten

Kontinuitätsfunktion: Bewahrung eines einheitlichen Stils des Unternehmens nach innen und nach außen bzw. in der Zukunft

Kontaktfunktion: Aufbau und Aufrechterhaltung von Verbindungen zu allen für das Unternehmen relevanten Lebensbereichen

Absatzförderungsfunktion: Förderung des Absatzes durch Anerkennung in der Öffentlichkeit

- **Grundlegendes Ziel:** Schaffung von Verständnis und Vertrauen bei ausgewählten Zielgruppen

Die Deutschen Public Relations Gesellschaft e.V. (DPRG) hat die Ziele der Öffentlichkeitsarbeit in der Formel **AKTION** zusammengefasst:[7]

- **A**nalyse der Situation und Meinungen und Entwicklung von Strategien

- **K**ontakt zu Kunden, Vorgesetzten, Dienstleistern und anderen relevanten Gruppen

- **T**ext und Design von PR-Instrumenten

- **I**mplementierung aller Maßnahmen

- **O**perative Umsetzung der Strategie

- **N**acharbeit und Erfolgskontrolle

Zielgruppen von PR:

Mediawerbung: bestehende und potentielle Kunden, Beeinflusser (Opinion Leader)

Produkt-PR: bestehende und potentielle Kunden, Beeinflusser (Opinion Leader), Medien

Unternehmens-PR: Spezifische interne und externe Meinungs- und Interessengruppen, nicht primär kundenbezogen *(vgl. BRUHN: Marketing 2007, S.409)*

Intere Zielgruppen : Mitarbeiter, Aktionäre, Betriebsrat und Außendienst

Externe Zielgruppen: Gesamtbevölkerung →besonders wichtige gesellschaftliche Anspruchsgruppen wie z.B. Verbraucherorganisation, Bürgerinitiativen, Umweltorga-

---

[7] *Quelle: www.existxchange.de zum Thema Marketing-Instrumente: Klassisches Marketing, Public Relations und Öffentlichkeitsarbeit*

nisationen. Ansonsten Handel, Wettbewerber, potentielle Kunden, Presse, Behörden, Fachwelt *(vgl. MEFFERT/BURMANN/KIRCHGEORG: Marketing, 2008 S. 674)*

Instrumente von PR:

PR-Maßnahmen sind beispielsweise:

- Vorstellung des Unternehmens („Tag der offenen Tür", Besichtigungen)

- Darstellung des Unternehmens in den Medien (Presseberichte über soziales und kulturelles Engagement)

- sonstige PR-Maßnahmen wie Umweltbilanz, Geschäftsberichte usw. *(www.pbueche.de/wp/wp-content/uploads/marketing-skript.pdf)*

Sponsoring

> **Definition** *nach MEFFERT/BURMANN/KIRCHGEORG: Marketing 2008, S. 683*:
> Sponsoring umfasst die Planung, Durchführung und Kontrolle sämtlicher Aktivitäten, die mit der Bereitstellung von Geld, Sachmitteln, Dienstleistungen oder Know-How durch die Unternehmen und Institutionen zur Förderung von Personen und/oder Organisationen verbunden sind, um damit gleichzeitig die Ziele der Kommunikationspolitik zu erreichen.

Ziele aus ökonomischer Sicht: Umsatz, Gewinn, Marktanteil

Ziele aus psychologischer Sicht: Steigerung der Bekanntheit, Imageverbesserungen, Kontaktpflege, Mitarbeitermotivation, Bestätigung über gesellschaftliches Engagement und Verantwortung

Arten:

- **Sport-Sponsoring**

  (Sponsoring v.a. im Spitzensport via Sportartikel, sportnahe, umfeldnahe oder auch sportfremde Produkte)

- **Kultursponsoring**

  (Sponsoring in der bildenden Kunst, Bühnenkunst, Literatur, Film, Funk, Denkmalpflege etc. über die Bereitstellung von finanziellen Mitteln für Tourneen, Ausstellungen, Sachmitteln, Vergabe von Stipendien etc.)

- **Soziosponsoring**

  (Sponsoring in Sozialbereichen wie Gesundheit, Wissenschaft oder Ausbildung über die Bereitstellung von Geld-/Sachmitteln oder Dienste durch die Sponsoringunternehmen)

- **Umweltsponsoring**

  (Sponsoring in den Bereichen Natur- und Landschaft-, Tier- und Artenschutz, ökologische Forschung, Umwelterziehung und Informationsdienste)

Zielgruppen des Sponsoring

Die Zielgruppen des Sponsoring müssen aus verschiedenen Perspektiven betrachtet werden. So lassen sich diese in drei Hauptgruppen einteilen:

- **Aktive Teilnehmer:**

  Personen betätigen sich selbst aktiv im entsprechenden Sponsoringbereich (z.B. Leichtatlethik)

- **Besucher/Zuschauer:**

  Personen nehmen als Zuschauer oder Besucher (passiv) an den jeweiligen Sponsoringveranstaltungen teil (z.B. Ausstellungen, Sportveranstaltungen)

- **Medien-Konsumenten:**

  Personen, die als Zuschauer indirekt via Kanalmedien (TV, Radio, Zeitung etc.) erreicht werden (z.B. Fernsehzuschauer einer Fußballübertragung) *(vgl. www.abc-marketingpraxis.ch, Thema Sponsoring vom 15.10.2009)*

Instrumente (Maßnahmen) des Sponsoring

- **Finanzielle Mittel:**

  Geldzahlungen, Defizitgarantie, Garantierte Abnahme von Eintrittstickets/Druckerzeugnisse/ Essen, Finanzierung einzelner Maßnahmen z.B. Wettbewerbspreis, Plakataushang)

- **Sachleistungen:**

  Infrastruktur, Dekoration, Einrichtung, technische Geräte, Fahrzeuge

- **Dienstleistungen:**

  Reisen, Transporte, Unterkunft, Catering, Personal (z.b. Security-Firma stellt kostenfrei Wachpersonal zur Verfügung)

- **Know-How-Vermittlung:**

  Oftmals durch Personen ausgeübt (z.b. Getränkehändler übernimmt Sortimentsberatung für Verkaufsstände eines Festes)

- **Kommunikationsmöglichkeiten:**

  Organisation und Durchführung von Medienkonferenzen, redaktionelle Beiträge in Kundenzeitschriften (z.b. regional ansässige Bank informiert über regionales Sportmeeting)

Product Placement

Ziele, Aufgaben und Arten des Product Placement

Definition nach *MEFFERT/BURMANN/KIRCHGEORG: Marketing 2008, S. 689*:
Unter Product Placement wird die gezielte Darstellung eines Kommunikationsobjektes als dramaturgischer Bestandteil einer Video- oder Filmproduktion gegen finanzielle oder sachliche Zuwendungen verstanden.

Ziele:

- Psychologisches Ziel z.b. Steigerung der Aufmerksamkeit und/oder Bekanntheit eines Produktes

- Verbesserung der Einstellung ggü. Produkt bzw. Steigerung der Kaufabsicht, Imageverbesserung

- Streutechnische Ziele: Maximierung der Zahl der ansprachen bzw. die Maximierung der Zahl der erreichbaren Personen

Tabelle 1: Formen des Product Placment

Unterscheidungs- merkmal	Formen des Pro- duct Placement	Beschreibung
Art des Produkts	Product Placement i.e.S.:	Platzierung von Markenartikeln
	Corporate Place- ment:	Platzierung von Unternehmen
	Generic Placement:	Platzierung unmarkierter Produkte
	Innovation Place- ment:	Platzierung eines neuen Produkts
	Location Placement.	Platzierung eines Ortes
Einsatzmedium	Movie Placement:	Einbettung in die Handlung von Filmen
	Game Placement:	Einbettung in die Handlung von Videospie- len
	Music Placement:	Einbettung in die Handlung von Musikvi- deos
Integrationsgrad	On Set Placement:	Kein direkter Bezug zwischen Placement und Handlung
	Creative Placement:	Direkte Einbindung in die Handlung
	Image Placement:	Produkt steht thematisch im Mittelpunkt
Art der Informa- tionsvermittlung	Visuelles Placement:	Übermittlung der Information über Bilder
	Verbales Placement:	Übermittlung der Information über Text oder Ton
	Kombiniertes Place- ment:	Kombinierte Übermittlung via Bild, Text und Ton
Grad der Anbin- dung an den Hauptdarsteller	Endorsed Place- ment:	Hauptdarsteller nimmt Bezug auf das Placement
	Sub-Placement:	Hauptdarsteller und Placement stehen in

keinem direkten Bezug

(Quelle: In Anlehnung an MEFFERT/BURMANN/KIRCHGEORG: Marketing 2008, S.690)

Instrumente des Product Placement

Die Umsetzung des Product Placement erfolgt über das visuelle, verbale oder kombinierte Placement.

3.5 Marketing Implementierung

3.5.1 Stellung und Aufgaben

Die Implementierung hat die Aufgabe, ein Marketingkonzept umzusetzen. Hierbei geht es im Wesentlichen darum, alle Beteiligten in die Umsetzung einzubeziehen, um eine bestmögliche Umsetzung zu erreichen.

Unter Beziehungsmarketing versteht man die Form von Marketing, bei der der langfristige Auf- und Ausbau von Kundenbeziehungen im Vordergrund steht. Der Fokus des Marketings liegt nicht auf dem Produkt oder dem Preis, sondern auf dem Verhältnis zwischen Unternehmen und Kunden.

Im Beziehungsmarketing werden möglichst viele Informationen über den Kunden gesammelt (Lebensstil, Buchungsverhalten etc.). Kern ist die dauernde Kommunikation mit dem Kunden, beispielsweise über spezielle Vorteile im Hotel (Welcome-Pakete, Blumen, Früchte im Zimmer, etc.), besondere Angebote (vergünstigte Buchungen, Special Events, Rabatte, etc.) oder besondere Aufmerksamkeiten etwa zum Geburtstag.

3.6 Marketing Controlling

3.6.1 Aufgaben und Funktionen

Das Marketing-Controlling hat die Aufgabe, die Planung, Steuerung und Kontrolle des Marketings zu übernehmen. Als Subaufgaben ergeben sich dabei:

- Entwicklung von Planungsrichtlinien für das Marketing,

- Entwicklung des Marketingbudgets aus dem Gesamtbudget,

- Ermittlung von Kennzahlen für das Marketing,

- Entwicklung eines Marketinginformationssystems als Teil des MIS,

- usw.

Organisatorisch kann das Marketingcontrolling unterschiedlich aufgebaut sein:

- Kontrolle des Marketings durch das Spitzenmanagement,

- Überwachung der Aktivitäten durch das Marketing selbst.

3.6.2 Methoden

Die wichtigsten Methoden des Marketing-Controllings sind:

- Deckungsbeitragsrechnung,

- Portfolio-Matrix,

- Umsatzanalysen,

- Marktanteilsanalysen,

- Cashflow-Analysen,

- ABC-Analysen,

- Benchmarking,

- Betrachtung des Produktlebenszyklusses,

- etc.

4 Betriebsspezifisches Management

4.1 Destinationsmanagement

Der Begriff der Destination wird auf verschiedenen Ebenen unterschiedlich genutzt:

- auf betrieblicher Ebene wird unter Destination das Resort oder der Beherbungsbetrieb verstanden, der ein Alleinstellungsmerkmal (USP) aufweist;

- auf örtlicher Ebene versteht man unter Destination den Tourismusort als Wettbewerbseinheit, die eine eigene Tourismusstelle betreibt. Die Leistungsträger vor Ort sind eigenständige Unternehmen, die wirtschaftlich unabhängig sind;

- auf regionaler Ebene ist Destination die Region, die geografisch abgeschlossen gegen andere Regionen ist und ein touristisches Selbstverständnis aufweist;

- auf überregionaler Ebene ist Destination das Land, das überregional die Interessenvertretung für die eigentlichen Destinationen übernimmt. Sie ist aber keine Destination im eigentlichen Sinne.

4.2 Management des Kur- und Bäderwesens

4.2.1 Das Kur- und Bäderwesen als Produktbündel bzw. Dienstleistungskette

4.2.1.1 Definitionen, Abgrenzung und Klassifizierungskriterien

Kuren dienen generell

- der Prävention, d. h. der Gesundheitsvorsorge bzw. Gesundheitserhaltung, oder

- der Rehabilitation, d. h. der Wiederherstellung der Gesundheit.

Kuren können ambulant oder stationär genutzt werden.

4.2.1.2 Rechtliche Aspekte der Prädikatisierung

Generell wird der Begriff des Kurortes durch die jeweiligen Kurortgesetze und Verordnungen in den einzelnen Bundesländern geregelt. Vorbild für diese sind jeweils die Begriffsbestimmungen des Deutschen Heilbäderverbandes. Danach ergeben sich für Orte die Möglichkeiten die Einstufung als:

- Erholungsort,

- Luftkurort,

- Orte mit Kurbetrieben,

- Kurorte sowie

- Heilbäder.

Es existieren vier Mindestanforderungen an die Erlangung eines staatlichen Prädikats als Kurort:

- natürliche Heilmittel in Boden, Meer und Klima,

- Vorhandensein von Kureinrichtungen,

- der Charakter eines Kurortes,

- wissenschaftliche Bestätigung des Heilcharakters.

Ein Erholungsort wird dagegen schon dadurch gekennzeichnet, dass er sich an einem klimatisch günstig gelegenen Ort befindet, der vorwiegend der Erholung dient.

Der Zusatz „Kneipp" darf vergeben werden, wenn die fünf Elemente der Kneippkur erfüllt sind:

- Hydrotherapie,

- Bewegungstherapie,

- Ernährungsbehandlung,

- Pflanzentherapie,

- Ordnungstherapie

4.2.2 Funktionsweise des Kur- und Bäderwesens

4.2.2.1 Organisationsformen

Insgesamt gibt es in Deutschland rund 350 staatlich anerkannte Kurorte, d. h. prädikatisierte Kurorte. Zusätzlich gibt es rund 1.500 Luftkurorte und viele weitere Erholungsorte. Insgesamt beschäftigen die Betriebe rund 350.000 Arbeitnehmer.

Kurverwaltungen können auch privatwirtschaftlich organisiert werden. Folgende Rechtsformen kommen dabei infrage:

- GmbH: juristische Person mit Mindeststammkapital von 25.000 €. Haftung auf das Gesellschaftsvermögen beschränkt. Leitung erfolgt durch den/die Geschäftsführer.

- GmbH & Co. KG: Kommanditgesellschaft, deren Komplementär eine GmbH ist. Haftung ist damit beschränkt, ohne Vorteile der Kommanditgesellschaft aufgeben zu müssen. Geschäftsführung obliegt dem Komplementär, also dem Vertreter der GmbH.

- AG: für Kurverwaltungen kommt die kleine AG infrage, die schon von einer Person gegründet werden kann. Damit sind die Vorteile der AG auch für Kurverwaltungen nutzbar, ohne die Nachteile der „großen" AG in Kauf nehmen zu müssen.

4.2.2.2 Kur- und bäderspezifische Einnahmen

In den Kurorten wird ein Gesamtumsatz von fast 30 Mrd. € erzielt. Damit steht dies für den drittgrößten Anteil am touristischen Bruttoinlandsprodukt nach Autoindustrie und reinem Tourismus.

4.2.2.3 Finanzierung

Die Finanzierung des Tourismus in kommunaler Trägerschaft kann auf verschiedene Arten erfolgen:

- Kurtaxe: Gemeinden erheben zur teilweisen Deckung der von ihnen bereitgestellten Einrichtungen die Kurtaxe. Sie wird durch die Satzung genehmigt und sichert der Kommune planbare Einnahmen. Allerdings gibt es bei der Kurtaxe häufiger Streitigkeiten darüber, wer sie tatsächlich bezahlen muss.

- Fremdenverkehrsabgabe: wird von allen gezahlt, die aus dem Kurbetrieb oder dem Fremdverkehr mittelbar oder unmittelbar wirtschaftliche Vorteile erzielen. Sie wird durch die Satzung der Gemeinde bestimmt. Die Einnahmen sind planbar, aber sind nur durch komplizierte Erhebungsverfahren zu erreichen.

- Sponsoring: hier werden durch einen Externen Geld-, Sachmittel oder Know-how bereitgestellt, die mindestens für einen temporären Zeitraum eine Finanzgrundlage liefern. Vorteil: fremde Mittel werden verwendet, Nachteil: Beeinflussbarkeit durch den Sponsor.

- Kommerzialisierung: hier wird der Tourismus als kommerzielle Leistung betrachtet, bei der die Kosten des Tourismus durch entsprechende Gegenleistungen eingespielt werden. Vorteil: Kosten werden transparent gemacht, Nachteil: Gäste müssen für Leistung zahlen, von der sie dies nicht gewohnt waren/sind.

Wichtig: Kurtaxe und Fremdenverkehrsabgabe sind zweckgebundene Abgaben, da sie nur von denen getragen wird, die aus ihr Vorteile erzielen! Von ihnen profitieren etwa die Kureinrichtungen.

4.3 Hotellerie- und Gastronomiemanagement

4.3.1 Hotellerie und Gatronomie als Produktbündel bzw. Dienstleistungskette

4.3.1.1 Definitionen, Abgrenzung und Klassifizierungskriterien

Hotels lassen sich nach unterschiedlichen Kriterien klassifizieren:

- nach ihrer Klasse (Zahl der Sterne, etc.),

- nach dem überwiegenden Aufenthaltszweck des Gastes (Urlaub, Geschäftsreise, etc.),

- dem Standort (Stadthotel, Berghotel, etc.),

- der Betriebsform (Eigenbetrieb, gepachteter Betrieb, etc.),

- etc.

4.3.1.2 Leistungs- und Funktionsbereiche

Ein Hotel hat beispielsweise im Vier- bis Fünf-Sterne-Bereiche verschiedene Leistungen im Wellnessbereich erfüllen:

- Trainer und Arzt sind vorhanden und entsprechend geschult, um im Wellness-bereich zu arbeiten,

- der Trainer erarbeitet einen individuellen Trainingsplan für jeden Gast, der dies wünscht,

- gleiche Öffnungszeiten wie die des Hotels,

- Räumlichkeiten des Wellnessbereichs sind hell und durchflutet von Tageslicht,

- die Ausstattung entspricht höchsten und zertifizierten Ansprüchen,

- Angebote und Anwendungen sind nach Absprache buchbar,

- das Hotel bietet wellness- und gesundheitsorientierte Speisen an,

- das Hotel bietet Ernährungsberatung und ein Diätangebot an.

4.3.1.3 Marktstrukturen

Der Hotelmarkt wird neben einigen großen Ketten durch eine Vielzahl kleiner Hotels geprägt, die sich einzeln im Markt befinden. Diese versuchen durch unterschiedliche Methoden, Größenvorteile zu erzielen. Hierzu gehören u. a. Kooperationen, bei denen in bestimmten Bereichen zusammengearbeitet wird, um Kosten zu sparen bzw. die Bekanntheit zu steigern. Möglichkeiten sind:

- gemeinsame Messe-/Werbeauftritte,

- gemeinsame Reservierungsstellen,

- gemeinsame Internetauftritte,

- gemeinsamer Einkauf,

- gemeinsame Personalschulungen,

- usw.

Solche Kooperationen sind aber nur erfolgreich, wenn alle Teilnehmer „gemeinsam" arbeiten und nicht einzelne versuchen, besondere Vorteile zu erlangen. Zudem müssen alle ähnliche Konzepte verfolgen.

4.3.2 Funktionen und Funktionsweisen des Managements

4.3.2.1 Marketingmanagement

Im Rahmen des Marketings hat das Hotelmanagement verschiedene Aufgaben zu erfüllen:

- laufende Beobachtung des Marktes,

- Erstellung von Marktanalysen,

- Erstellung von Marktprognosen,

- Planung der Marketingstrategie,

- Planung, Kontrolle und Steuerung des Marketingetats,

- Planung, Kontrolle und Steuerung der Marketingmaßnahmen,

- usw.

4.3.2.2 Finanzmanagement

Der Hotelmarkt ist durch bestimmte Probleme gekennzeichnet:

- (fast) konstantes Angebot an Zimmern steht stark schwankende Nachfrage gegenüber,

- hoher Fixkostenanteil durch hohen Anteil an Anlagevermögen,

- hohe Personalintensität.

Grundsätzlich ist durch den Fixkostenanteil erst bei relativ hoher Auslastung der Break-even erreicht. Damit ist primäres Ziel eines Hotels, eine hohe Auslastung zu erreichen.

Unter einem Budget versteht man einen Finanzplan, in dem für einen bestimmten Zeitraum – beispielsweise ein Jahr – die Einnahmen und Ausgaben (oder auch Erträge/Aufwendungen o. ä.) für eine Organisationseinheit – eine ganze Unternehmung, eine Stelle, usw. – gegenübergestellt werden.

Budgets haben verschiedene Funktionen:

- Prognosefunktion

- Kontrollfunktion

- Motivationsfunktion

- Koordinationsfunktion

- Bewilligungsfunktion

4.3.2.3 Qualitäts- und Umweltmanagement

Ein gängiges Qualitätszertifikat ist das nach DIN EN ISO 9001:2000. Durch dieses erlangen Hotels durch standardisierte Arbeitsabläufe in der Regel sinkende Kosten bei steigender Qualität. Dies allerdings auf Kosten der Zertifizierungsgebühr und des Zeit- und Personalaufwands beim Durchlaufen des Zertifizierungsverfahrens.

Der Ablauf der Zertifizierung ist im Regelfall durch folgende Schritte geprägt:

- Zusammenstellen der prüfungsrelevanten Unterlagen und Vorbereitungsarbeiten,

- Projektgespräch,

- Unterlagenprüfung,

- Audit im Unternehmen,

- Zertifizierung,

- Überwachung der festgelegten Abläufe,

- laufende Überprüfung der Qualität.

4.4 Management des Verkehrsträgers

4.4.1 Luftverkehr (Linien- und Gelegenheitsverkehr)

4.4.1.1 System Luftverkehr

Als Sonderorganisation der Vereinten Nationen hat die International Civil Aviation Organization (ICAO) die Aufgabe, den internationalen Luftverkehr zu regeln, die so genannten „Freiheiten der Lüfte". Daneben teilt die ICAO etwa die ICAO-Codes für Länder und Flugzeugtypen zu.

Die „Freiheiten der Lüfte" können sich Vertragspartner gewähren und teilen sich in zehn Situationen auf:

1. Überflug: die Fluggesellschaft darf vom Heimstaat das Land A überfliegen, um in Land B zu landen;

2. Technische Zwischenlandung: Recht auf Zwischenlandung, um nicht kommerzielle Zwecke zu erfüllen, beispielsweise um zu tanken;

3. direkter Transport (bringen): das Recht, Passagiere oder Fracht vom Heimatstaat der Fluggesellschaft ins Ausland zu befördern;

4. direkter Transport (holen): das Recht, Passagiere oder Fracht vom Ausland in das Heimatstaat der Fluggesellschaft zu befördern;

5. Transport zwischen fremden Staaten (Start- oder Endpunkt im Heimatstaat): die Fluggesellschaft darf vom Heimatstaat beförderte Passagiere oder Fracht nach Land A bringen, um dort Passagiere aufzunehmen und in Land B zu bringen, um von dort wieder Passagiere in Land A zu bringen und zurück in den Heimatstaat.

6. Transport zwischen fremden Staaten (Zwischenland im Heimatstaat): Fluggesellschaft aus Heimatstaat beförderte Passagiere oder Fracht nach Land A, darf dort Passagiere aufnehmen und diese nach Land B bringen. Passagiere können in Land B aufgenommen werden und nach Land A gebracht werden, um dort Passagiere wieder aufzunehmen und zum Heimatstaat zu bringen.

7. Transport zwischen fremden Staaten (mit Zwischenland im Heimatstaat): Fluggesellschaft befördert Passagiere oder Fracht von Land A nach Land B mit Zwischenlandung im Heimatstaat;

8. Transport zwischen fremden Staaten (ohne Berührung des Heimatstaates): eine Fluggesellschaft befördert von Land A nach Land B ohne Zwischenlandung im Heimatstaat;

9. aufeinanderfolgende Kabotage: eine Fluggesellschaft befördert Passagiere oder Fracht innerhalb eines anderen Staates, beispielsweise vom Heimatstaat in Land A und von dort innerhalb des Landes A in eine andere Stadt;

10. unabhängige Kabotage: eine Fluggesellschaft befördert Passagiere oder Fracht innerhalb eines anderen Staates ohne Berührung eines weiteren Staates, d. h. auch ohne Berührung des Heimatstaates.

Als internationale Vereinigung der Fluggesellschaften besteht die International Air-Transport Association (IATA). Ihre Zielsetzung ist die Förderung des sicheren, planmäßigen und wirtschaftlichen Transportes von Menschen und Gütern in der Luft.

Die IATA nimmt auch Einfluss auf die Preisfestlegung, so dass es eine Art des Preiskartells ist. Zur Identifizierbarkeit von Flughäfen, Fluggesellschaften und Flugzeugtypen sorgen die IATA Codes. Weiterhin definiert die IATA Sicherheitsstandards, die von den Mitgliedsgesellschaften einzuhalten sind.

Der Staat hat unterschiedliche Möglichkeiten, in den Flugverkehr einzugreifen. Zu nennen sind:

- Kapitalbeteiligungen an Fluggesellschaften,

- Vergabe von Subventionen,

- Ausbau von Flughäfen und deren Verkehrszuwegungen,

- Verkehrsvorschriften,

- Anforderungen an das Personal,

- generelle Marktzulassungen,

- etc.

4.4.1.2 Marktübersicht

Gerade im Bereich der Fluggesellschaften hat die Bildung von Allianzen zu einer Art von Kooperationen geführt (Beispiele: Star Alliance, Oneworld etc.). Ziel ist es, flächendeckende Netze aufzubauen und durch das gemeinsame Flottenmanagement oder die Nutzung von Slots Skalenvorteile zu erzielen. Beispielsweise werden durch erhöhte Abflugfrequenzen Zeitvorteile erzielt.

Durch Code-Sharing wird damit auch das Kabotageverbot umgangen, so dass – bei optimaler Ausnutzung – ein weltweites flächendeckendes Netz entstehen kann, das enge Zeitfenster bei kostenoptimalem Angebot ergibt. Unter Kabotage versteht man das Erbringen von Transportleistungen innerhalb eines Landes durch ein ausländisches Verkehrsunternehmen.

Durch die Kooperationen sind Fluggesellschaften darüber hinaus in der Lage, neue Kunden und eine deutliche Verbesserung der Verbindungsqualität zu erreichen.

Grundsätzlich lassen sich Fluggesellschaften wie folgt aufgliedern:

- Netzfluggesellschaften: bieten weltweite Streckennetze an, es werden in der Regel Zwei- oder Dreiklassensysteme angeboten, bieten meistens vollumfängliche Leistungen an;

- Low-Cost-Fluggesellschaften: bieten in der Regel nur Flüge zwischen Randflughäfen an, niedrige Preise, nur eine Passagierklasse, ausschließlich Direktflüge, einfache Leistungen, Zusatzleistungen müssen zusätzlich bezahlt werden;

- Charterfluggesellschaften: genehmigungspflichtiger, nicht öffentlicher Flugverkehr, wird überwiegend auf touristischen Strecken angeboten, Sitzplätze werden an Reiseveranstalter verkauft, die diese mit anderen Produkten bündeln, auf Kurzstrecken eine Klasse, auf Langstrecken zwei Klassen, reduzierte Leistungen an Bord.

Insgesamt ist der Flugverkehr von einem stärker werdenden Wettbewerb geprägt. Billiganbieter, neue Fluglinien aus Ölstaaten usw. sorgen auf verschiedenen Strecken für sinkende Preise und einen verschärften Wettbewerb um die Kunden. Verschiedene Möglichkeiten bestehen, um gegen diese Entwicklung einzugreifen:

- neuere Flugzeuge,

- höhere Flugfrequenz,

- Ausbau von höherpreisigen Klassen,

- stärkere Nutzung des Direktvertriebs,

- weniger Personal = geringere Personalkosten,

- usw.

Neben den „normalen" Fluggesellschaften gibt es noch zahlreiche Regionalfluggesellschaften. Diese stellen häufig die Zubringerlinien für die „normalen" Fluggesellschaften bereit und sind entsprechend in diese integriert. Beispiele sind Eurowings oder Augsburg Airways für die Lufthansa.

4.4.1.3 Vertriebsstrukturen und –kanäle

Durch den Wegfall von Airlineprovisionen hat sich der Markt für Reisevermittler deutlich verändert. Mittlerweile gibt es Einheitspreise bei Online-Buchungen, die Gebühren unterscheiden sich nach Inland, Europareisen und Fernreisen, usw.

In der Folge herrscht ein reger Wettbewerb zwischen Reisebüros, der insbesondere über den Preis ausgetragen wird. Entsprechend sinken die Umsätze. Gleichzeitig zeigt sich eine Verunsicherung beim Kunden, der sich an die neuen Marktgewohnheiten gewöhnen muss.

4.4.2 Schiffsverkehr

Ein Teil des Schiffmarktes ist der für Kreuzfahrten. Dieser wächst kontinuierlich seit einigen Jahren und wird u. a. durch den Markteintritt neuer Unternehmen (beispielsweise Tui) stetig erweitert.

Der Markt wird geprägt durch verschiedene Reedereien auf der einen Seite und verschiedene Reiseveranstalter auf der anderen Seite. Als Reedereien sind insbesondere zu nennen:

- Royal Caribbean International,

- Carnival Cruise Lines,

- Princess Cruises,

- etc.

Im Unterschied zur Kreuzfahrt sind Flusskreuzfahrten bezogen auf Reisen über einen Fluss, beispielsweise quer durch Europa.

Ein weiterer Bereich der Schifffahrt sind Fähren. Diese befördern Personen von einem bestimmten Ort zu einem anderen, in der Regel für einen Wochenend- oder Erlebnistrip. Es handelt sich hier um eine preiswerte Art der Überfahrt.

Weiterhin existieren Boots- und Yachtcharter. Bootscharter werden auf Flüssen angeboten, Yachtcharter eher auf Hochsee und mit der Möglichkeit, eine Besatzung mit zu chartern.

Eine besondere Form der Reise ist die mit Fracht-/Containerschiffen. Hier wird der Passagier exklusiv in einer Offizierskabine untergebracht. Es gibt keine festen Routen, sondern es werden die Häfen angesteuert, in denen Ladung gelöscht wird.

Der Vertrieb im Kreuzfahrtschiffbereich wird häufig durch die Zusammenarbeit von Reedereien und Kreuzfahrtveranstaltern geprägt. Verschiedene Möglichkeiten der Zusammenarbeit stehen zur Verfügung:

- Vollcharter: ein Veranstalter chartert das gesamte Schiff für einen bestimmten Zeithorizont. Volles Risiko liegt beim Veranstalter, der die gesamten Kosten trägt;

- Teil- oder Blockcharter: Reederei legt Strecke und Preis fest. Veranstalter kauft nur bestimmte Teile und verkauft diese weiter. Es besteht ein direkter Preisvergleich mit anderen Anbietern;

- GSA/GV-Basis: meist ausländische Reederei sucht Veranstalter aus, der die Vermarktung gegen Pauschale und erfolgsabhängig Vergütung übernimmt;

- Provisionsbasis: Reederei stellt Route und Katalog zusammen, Veranstalter verkauft diese nur gegen Provision, übernimmt das für die Kosten für die Werbung, etc. Bucht ein Reisebüro aus dem Prospekt, tritt es selbst als Reiseveranstalter auf.

4.5 Management von Freizeitanlagen und Erlebniswelten

4.5.1 Freizeitanlagen und Erlebniswelten als Produktbündel bzw. Dienstleistungskette

Freizeitparks richten sich insbesondere an Kinder, deren Erlebnisfaktor höchste Priorität für die Eltern hat. Für diese werden (fast) keine Kosten gescheut, allerdings ist der Zeitrahmen eher beschränkt.

Urban-Entertainment-Centre verbinden Einkaufsmöglichkeiten mit Attraktionen und sind insbesondere wetterunabhängig. Da diese Center länger geöffnet haben, ist der Zeitfaktor in der Regel nicht so bedeutsam wie in einem Freizeitpark oder einer Erlebniswelt. Bezahlt wird nur für das, was auch konsumiert wird.

Erlebniswelten sind in der Regel Schönwetterziele, die häufiger im Jahr besucht werden, aber nicht an einem Stück besucht werden müssen (wie Freizeitparks). Meistens sind Erlebniswelten billiger als Freizeitparks, bieten dafür aber saisonal unterschiedliches (bestimmte Jahreszeiten etwa Tierbabys).

Bei der Wahl, was besucht werden soll, spielen verschiedene Faktoren zusätzlich eine Rolle:

- Jahreszeit,

- Wetter,

- besondere Zielgruppenangebote,

- etc.

Freizeitparks richten sich üblicherweise an Familien und Jugendliche oder Gruppen junger Erwachsener. Der Einzugsbereich liegt hier zwischen zwei Stunden für regionale Parks bis zu einem Tag bei sehr bekannten Parks.

Erlebniswelten richten sich sowohl an Familien, als auch an Paare, Singles, Senioren oder Jugendliche. Der Einzugsbereich beschränkt sich auf eine Entfernung von zwei Stunden.

Urban-Entertainment-Centre sind fokussiert auf Familien und Paare und haben ebenfalls einen Einzugsbereich auf bis zu zwei Stunden.

Durch den demographischen Wandel wird der Anteil von Senioren und jungen Alten immer größer. Dagegen sinkt der Anteil von Kindern und Jugendlichen, so dass sich Freizeitparks entsprechend auf eine ältere Kundschaft einstellen müssen. Einher mit der geringen Anzahl an Kindern steigt der Anteil von Erwachsenen mit zwei Einkommen, aber ohne Kinder (DINKS). Sowohl DINKS als auch die Gruppe der Senioren und jungen Alten hat aber höhere Qualitätsansprüche als Kinder, so dass sich das Angebot entsprechend zu wandeln hat.

4.5.2 Marktstrukturen

4.5.2.1 Internationale/nationale Marktstrukturen

Beispiele für Ferienparks sind:

- Europa-Park in Rust,

- Heide-Park in Soltau,

- Legoland in Günzburg,

- Phantasialand in Brühl

Ferienparks werden häufig von weltweit tätigen Unternehmen betrieben. Zu nennen sind beispielsweise Disney (Disneyland), die Merlin Gruppe (Legoland), Warner Bros. u. ä.

Daneben gibt es große Ketten wie Center Parcs, die mit einem ähnlichen Auftritt an verschiedenen Orten präsent sind. Gemein ist den Center Parcs eine überdachte Freizeitwelt, Übernachtung auf der Ferienanlage, verkehrsgünstige Lage mit autofreier Anlage, Kinderfreundlichkeit und hohe Qualitätsstandards.

4.5.2.2 Marktentwicklungen/Trends

Verschiedene Trends zeigen sich im Bereich der Ferienparks:

- stärkere Verbindung mit Übernachtungsmöglichkeiten (Hotels, Campingplätze, etc.),

- aufgrund der wirtschaftlichen Lage werden keine neuen Parks eröffnet und kleinere, alte Parks geschlossen,

- Ferienparks werden von Großkonzernen übernommen, die Skaleneffekte aus der Verbindung mehrerer Parks ausnutzen,

- stärkerer Vertrieb übers Internet,

- usw.

4.5.2.3 Wirtschaftliche Bedeutung

Ferienparks bieten häufig Arbeitsplätze für ungelernte Mitarbeiter. Aufgrund der technischen Sonderausstattung werden aber örtliche Unternehmen nicht beauftragt, sondern Aufträge an Spezialunternehmen vergeben. Örtliche Unternehmen werden eher für allgemeine Wartungsaufgaben etc. beauftragt.

4.6 Management der Reiseveranstaltung

4.6.1 Die Reiseveranstaltung als Produktbündel bzw. Dienstleistungskette

Kunden sind verschiedene Dinge bei der Reisebuchung wichtig, auf die sich ein Reisebüro entsprechend einzustellen hat:

- kompetente Ansprechpartner, die auch bei Reklamationen direkt bereitstehen,

- günstige Preise,

- sichere Zahlungsmethoden,

- neutrale Beratung,

- Bausteinkastensystem,

- etc.

Da das Internet immer größere Teile der Reisebuchungen auf sich vereint, müssen Reisebüros dieses Medium stärker für ihre Zwecke einsetzen. Verschiedene Strategien sind hier möglich:

- Online-Marketing einsetzen,

- Kundenkommunikation per Mail verstärken,

- Web-Angebote auf eigene Homepage integrieren,

- Einbau von Fremdwerbung,

- etc.

4.6.2 Rechtliche Aspekte

4.6.2.1 Reisevertragsrecht

Reisemittler sind nach dem Reisevertragsrecht grundsätzlich als Beratungs- und Verkaufsagentur von der Haftung ausgenommen. Davon unabhängig muss der Reisemittler in bestimmten Fällen aber dennoch haften:

- Verletzung der Informations- und Sorgfaltspflichten: beispielsweise Weitergabe der persönlichen Daten des Kunden an eine falsche Stelle,

- fehlender Vermittlungserfolg: gebuchte Reise wird fälschlicherweise nicht oder nicht richtig beim Reiseveranstalter gebucht;

- Verschweigen des billigsten Angebotes: bei ausdrücklicher Nachfrage des Kunden danach;

- fehlende Hinweise im Reisebüro: Hinweispflicht für bestimmte Reklamationen;

- usw.

4.6.2.2 Agenturvertrag

Der Agenturvertrag stellt den Vertrag zwischen Reiseveranstalter und Reisebüro dar. Er regelt im Wesentlichen folgende Inhalte:

- Regelung der Provisionssätze,

- Zahlungsmodalitäten,

- Mindestumsätze,

- Kündigungsmodalitäten,

- Gerichtsstand,

- neutrale Beratungsklausel

Demgegenüber sollten in den Allgemeinen Geschäftsbedingungen folgende Sachverhalte geregelt sein:

- Mindestteilnehmerzahlen,

- Stornogebühren,

- Möglichkeiten der Stellung von Ersatzpersonen,

- Haftungsbegrenzung und Gewährleistung,

- Abschluss des Reisevertrages und Aushändigung der Reiseunterlagen

4.7 Management der Reisevermittlung

4.7.1 Reisevermittlung als Dienstleistung

4.7.1.1 Definitionen und Abgrenzung

Handelsvertreter sind im § 84 HGB definiert: „Handelsvertreter ist, wer als selbständiger Gewerbetreibender ständig damit betraut ist, für einen anderen Unternehmer

(Unternehmer) Geschäfte zu vermitteln oder in dessen Namen abzuschließen. Selbständig ist, wer im wesentlichen frei seine Tätigkeit gestalten und seine Arbeitszeit bestimmen kann. Wer, ohne selbständig im Sinne des Absatzes 1 zu sein, ständig damit betraut ist, für einen Unternehmer Geschäfte zu vermitteln oder in dessen Namen abzuschließen, gilt als Angestellter." Der Handelsvertreter schließt die Reise im Auftrag des Reiseveranstalters ab und erhält dafür eine Provision. Das Geschäft unterliegt der Preisbindung.

Der Handelsmakler ist in § 93 HGB definiert: „Wer gewerbsmäßig für andere Personen, ohne von ihnen auf Grund eines Vertragsverhältnisses ständig damit betraut zu sein, die Vermittlung von Verträgen über Anschaffung oder Veräußerung von Waren oder Wertpapieren, über Versicherungen, Güterbeförderungen, Schiffsmiete oder sonstige Gegenstände des Handelsverkehrs übernimmt, hat die Rechte und Pflichten eines Handelsmaklers." Der Handelsmakler vermittelt Reisen und erhält das Honorar durch den Kunden, nur eventuell durch den Veranstalter.

Ein Händler schließt einen Vertrag über eine konkrete Leistung ab und kalkuliert den Preis selbst. Der Vertrag wird damit durch Reisebüro und Kunden abgeschlossen, ohne Einbeziehung des Reiseveranstalters.

4.7.1.2 Leistungs- und Funktionsbereiche

Zur Steuerung der Reisevermittler durch die Reiseveranstalter werden Provisionen eingesetzt. Diese dienen dazu,

- Anreize an die Reisevermittler zu stellen,
- höhere Umsätze zu erzielen,
- Mitbewerber zu verdrängen,
- Umsätze zu erhöhen bzw. nicht zu verringern,
- eine höhere Bindung der Reisevermittler an die Reiseveranstalter zu erreichen.

Reisevermittler erhalten unterschiedliche Provisionen von Reiseveranstaltern:

- Grundprovision: wird für jede Reise unter Beachtung eines vereinbarten Mindestumsatzes gezahlt;

- Umsatzstaffelprovision: steigende Provision bei höherem Umsatz;

- progressive Staffelprovision: bei steigendem Umsatz gegenüber Vorjahr wird für den Mehrumsatz eine höhere Provision gezahlt;

- retroaktive Staffelprovision: Provisionshöhe hängt vom Vorjahresumsatzvergleich ab;

- Zusatzprovision: wird zusätzlich zu Grund- und Staffelprovision gezahlt.

Zusätzlich zu den Provisionen werden weitere provisionsähnliche Vergütungen gezahlt. Hierzu gehören Werbekostenzuschüsse, teilweise oder vollständige Übernahmen von Kreditkarten-Disagios, u. ä.

Aufgaben zu Grundlagen des Tourismus

Aufgabe 1

Was versteht man unter Tourismus?

Aufgabe 2

Was sind „Tourismusarten"?

Aufgabe 3

Was sind „Tourismusformen"?

Aufgabe 4

Wie lassen sich Reisen unterteilen?

Aufgabe 5

In welche Phasen gliedert sich eine Reise? Nennen Sie jeweils die wichtigsten Elemente der Phase!

Aufgabe 6

Was sind touristische Leistungsträger?

Aufgabe 7

Nennen Sie touristische Leistungsträger!

Aufgabe 8

In welche touristischen Segmente untergliedert das Statistische Bundesamt den Tourismus?

Aufgabe 9

Was sind absolute Werte?

Aufgabe 10

Nennen Sie die wichtigsten absoluten Werte!

Aufgabe 11

Was sind relative Werte?

Aufgabe 12

Nennen Sie die wichtigsten relativen Werte!

Aufgabe 13

Nennen Sie die wichtigsten grafischen Darstellungsformen!

Aufgabe 14

Was sind die wichtigsten statistischen Maßzahlen?

Aufgabe 15

Welche Motive für das Reisen lassen sich unterscheiden?

Aufgabe 16

Erläutern Sie die Anfänge des Tourismus!

Aufgabe 17

Nennen Sie verschiedene Trends, die den Tourismus beeinflussen!

Aufgabe 18

Welche Trends haben sich in der touristischen Nachfrage in den letzten Jahren ergeben?

Aufgabe 19

Welche Trends haben sich im touristischen Angebot in den letzten Jahren ergeben?

Aufgabe 20

In welche Bereiche unterteilt sich das Attraktivitätspotenzial einer Destination?

Ausgabe 21

Was gehört zum Naturraumpotenzial?

Aufgabe 22

Was gehört zum Kulturraumpotenzial?

Aufgabe 23

Was gehört zur allgemeinen Infrastruktur?

Aufgabe 24

Was ist das erholungsräumliches Besucheraufkommen?

Aufgabe 25

Was ist das erholungsräumliche Potenzial?

Aufgabe 26

Was ist die erholungsräumliche Kapazität?

Aufgabe 27

Was ist die erholungsräumliche Erreichbarkeit?

Aufgabe 28

Nennen Sie Beispiele für kulturhistorische Gegebenheiten!

Aufgabe 29

Was sind soziokulturelle Verhältnisse?

Aufgabe 30

Was ist die „Destination"?

Aufgabe 31

In welche Landschaftsformen lässt sich Deutschland untergliedern?

Aufgabe 32

Nach welchen allgemeinen Merkmalen lassen sich Landschaftsformen grundsätzlich unterscheiden?

Aufgabe 33

Welche Arten des Kaufverhaltens lassen sich unterscheiden? Beschreiben Sie die Arten!

Aufgabe 34

Was ist ein „Bedürfnis" und nach welchen Arten lässt es sich unterteilen?

Aufgabe 35

Beschreiben Sie die Bedürfnispyramide nach Maslow!

Aufgabe 36

Was sind die „Boomfaktoren" des Reisens?

Aufgabe 37

Welche positiven und negativen Auswirkungen haben das Zusammenkommen von Inländern und Touristen?

Aufgabe 38

Nennen und beschreiben Sie die fünf wirtschaftlichen Effekte bzw. Funktionen des Tourismus!

Aufgabe 39

Nennen und beschreiben Sie die Wertschöpfungsfunktionen des Tourismus!

Aufgabe 40

Welche Einnahmequellen erbringt der Tourismus den Anbietern?

Aufgabe 41

In welchen Phasen verläuft in der Regel die touristische Entwicklung in einer Destination?

Aufgabe 42

Welche negativen Einflüsse hat der Tourismus auf die Umwelt?

Aufgabe 43

Definieren Sie harten und sanften Tourismus!

Aufgabe 44

Handelt es sich beim touristischen Markt um einen Käufer- oder einen Verkäufermarkt?

Aufgabe 45

Welche Leistungsstufen lassen sich im touristischen Markt unterscheiden?

Aufgabe 46

Welche Entwicklungstendenzen lassen sich im touristischen Markt beobachten?

Aufgabe 47

Was ist die UNWTO?

Aufgabe 48

Was ist die IATA?

Aufgabe 49

Welche Aufgaben hat das Referat „Tourismus/Fremdenverkehr" der EU?

Aufgabe 50

Was ist die ETC?

Aufgabe 51

Welche Institutionen der nationalen Tourismuspolitik lassen sich unterscheiden und welche Aufgaben haben diese?

Aufgabe 52

Welche Dachverbände der Tourismusbranche lassen sich national unterscheiden?

Aufgabe 53

Welche Aufgaben hat das DZT?

Aufgabe 54

Welche Aufgaben hat der DTV?

Aufgabe 55

Welche Aufgaben hat der BTW?

Aufgabe 56

Welche Aufgaben hat der Deutsche Heilbäderverband?

Aufgabe 57

Welche Ziele hat der Tourismusausschuss des Bundestages für die Tourismuspolitik definiert? Nennen Sie Beispiele für die Ziele!

Lösungen zu Grundlagen des Tourismus

Aufgabe 1

Unter Tourismus versteht man insbesondere in der angelsächsischen Welt die temporäre Bewegung bzw. Reise von Personen in solche Destinationen, die sich außerhalb ihrer normalen Arbeits- oder Wohnstätte befinden.

Aufgabe 2

Die Tourismusarten beantworten die Fragen nach dem „Warum und Wohin wird gereist?". Es geht damit um den Reiseinhalt (Geschäfts-, Studien-, Bildungs-, Urlaubsreise, etc.), das Reisemotiv (Arbeit, Erholung etc.) und das Reiseziel (Fernreise, Inlandsreise, etc.).

Aufgabe 3

Bei der Tourismusform geht es dagegen um die Frage nach „Wie wird gereist" und „Wer reist". Es geht um die Reisedauer (kurzer Ausflug, Kurzreise, etc.), den Reisezeitpunkt (Hauptsaison, Nebensaison, etc.), die Reisemittel (Flugzeug, Auto, etc.), die Reiseorganisation (pauschal, individuell, etc.) und die Reiseteilnehmer (Senioren, Erwachsene, Kinder, etc.). Möglichkeiten sind: Jugendtourismus, Sommer-/Wintertourismus, Individualtourismus, Seebändertourismus, Bahntourismus, Ferienhäusertourismus oder Pauschalreisetourismus.

Aufgabe 4

Reisen lassen sich in

- Urlaubs- und Erholungsreisen,

- Messe-, Kongress- und Tagungsreisen sowie

- Geschäfts- und Dienstreisen

unterteilen.

Aufgabe 5

Eine Reise gliedert sich in drei Teile:

4. Reiseplanungs- und Reisevorbereitungsphase

5. Reisedurchführungsphase

6. Reisenachbearbeitungsphase

In die Reiseplanungs- und Reisevorbereitungsphase gehören Dinge wie Informationen einholen, Visum beantragen, Impfungen vornehmen lassen etc.

In der Reisedurchführungsphase wird die Reise in Anspruch genommen, die Übernachtungen werden „vorgenommen" usw.

Die Reisenachbearbeitungsphase ist – bei positivem Verlauf – etwa dem Entwickeln von Fotos vorbehalten. Bei negativem Verlauf werden dagegen Reklamationen etc. fällig.

Aufgabe 6

Unter touristische Leistungsträger werden alle Unternehmen verstanden, deren Leistungen von einem Reiseveranstalter zur Erstellung einer Pauschalreise gebündelt werden bzw. von einem Reisemittler an den Kunden verkauft werden.

Aufgabe 7

Zu den touristischen Leistungsträgern zählen:

- die Transportbetriebe wie Bahn, Bus oder Flugzeug,

- die Betriebe des Kur- und Bäderwesens,

- Agenturen in den Zielgebieten,

- Fahrzeugvermietungen,

- Sportbetriebe,

- alle Unternehmen, die Dienstleistungen im Zusammenhang mit einer Reise erbringen, wie Kreditkartenunternehmen, Wechselstuben, Betreiber von Reservierungssystemen

Aufgabe 8

- Tagestourismus,

- Städtetourismus,

- Übernachtungstourismus,

- Touristik- und Dauercamping,

- Wandertourismus und

- Fahrradtourismus.

Aufgabe 9

Absolute Werte erfassen Mengen.

Aufgabe 10

- Reisehäufigkeit = Anzahl der Reisen der über 14-Jährigen im Erhebungszeitraum

- Zahl der Ankünfte

- Zahl der Übernachtungen

- Kapazität an Betten

- Kapazität an Zimmern

- Kapazität an Plätzen

Aufgabe 11

Relative Werte setzen Mengen in Bezug zu Vergleichsgrößen.

Aufgabe 12

- Übernachtungsintensität/Fremdenverkehrsintensität = Anzahl der Übernachtungen / 100 Einwohner

- Reiseintensität = Anteil der Bevölkerung über 14 Jahre, die im Erhebungsjahr eine Reise von mindestens fünf Tagen unternommen haben

Aufgabe 13

- Säulendiagramm

- Balkendiagramm

- Liniendiagramm

- Piktogramme

- Streuungsdiagramme

- Kreisdiagramme

Aufgabe 14

- Mittelwerte

- Streuungsmaße

- Verhältniszahlen

- Indexzahlen und

- Zeitreihen

Aufgabe 15

- Erholung (Erholungstourismus, Naherholung, etc.),

- Sport (aktiver und passiver Sporturlaub),

- Kultur (Bildungsurlaub, Sprachurlaub, etc.),

- Besuche von Freunden, Verwandten,

- Prestige („Belohnungs"urlaub, etc.)

Aufgabe 16

Der Tourismus begann in der heutigen Form im 19. Jahrhundert, als Thomas Cook die Pauschalreise „erfand". Gereist wurde damals mit Bahn oder Pferd bzw. Kutsche. Reisen dienten damals eher Naturerlebnissen oder Kuren und waren – aufgrund der hohen Kosten – der Oberschicht vorbehalten.

Aufgabe 17

- Grenzen des touristischen Wachstums in den traditionellen Reiseländern,

- Verdrängungswettbewerb,

- Diversifizierung in neue Reiseländer und –formen,

- technische Entwicklung bei Verkehrsträgern,

- demographische Entwicklung

Aufgabe 18

In der touristischen Nachfrage haben sich in den letzten Jahren mehrere
Trends etabliert:

- weiterhin ist die klassische Pauschalreise ein Schwerpunktfeld.
  Vorteile sind der feste Gesamtpreis, die Sicherheit, für alle bezahlten Leistungen eine Gegenleistung zu erhalten und der einzige Ansprechpartner, den man hat;

- gerade durch die Möglichkeiten des Internets ist der Trend hin zu
  individuellen Leistungsbuchungen ungebrochen. Hier kann der
  Reisende alle Leistungen nach seinen Wünschen buchen und entsprechend einzelne Anbieter nach Preis-/Leistungs-Relationen buchen. Daneben ist das Internet unabhängig von irgendwelchen
  Öffnungszeiten immer „geöffnet" und es sind einfach Preisvergleiche möglich;

- der Trend geht stark in Richtung zielgruppenspezifischer Angebote, etwa Städtereisen, Wellnessreisen, Golfreisen, Musicalreisen,
  etc.;

- durch die Angebote der Billigflieger sind auch entferntere Ziele relativ günstig erreichbar, so dass sich Angebote aus Billigfliegern und Hotels koppeln lassen;

- auch aufgrund der Entwicklungen im Internet stellt der Preis den für viele Kunden entscheidenden Kauffaktor dar. Der Trend geht stärker in exotische Zielgebiete, wobei die Verfügbarkeit von Informationen entscheidend ist.

Aufgabe 19

Die verschiedenen Trends im Tourismus haben auf der Anbieterseite zu deutlichen Änderungen geführt. Bedingt durch das sinkende Wachstum durch die Sättigung in den traditionellen Reiseländern ist es zu einer Konzentration in der Tourismusbranche gekommen, bei der sich wenige große Tourismuskonzerne wie Tui Travel oder Thomas Cook entwickelt haben. Daneben haben sich aber auch Spezialanbieter gebildet, die, insbesondere auch durch die Möglichkeiten des Internets, besonders lukrative Bereiche des Tourismus anbieten und dadurch Kosten- oder Erlösvorteile gegenüber den großen Konzernen aufweisen. Dadurch sind Spezialisierungen möglich – etwa das Angebot nur bestimmter Reiseziele oder bestimmter Reisetypen, etwa Musicalreisen. Vor dem Internetzeitalter waren solche Spezialisierungen nahezu unmöglich.

Aufgabe 20

- Naturraumpotenzial,

- Kulturraumpotenzial und

- allgemeine Infrastruktur.

Aufgabe 21

Zum Naturraumpotenzial gehören das Klima, Seen, Flüsse oder Waldflächen.

Aufgabe 22

Das Kulturraumpotenzial umfasst die Sprache, die in der Destination gesprochen wird, die Religion(en) oder das Brauchtum, das ausgeübt wird.

Aufgabe 23

Allgemeine Infrastruktur umfasst die Hotelsituation, die Anbindung an Flughäfen oder den allgemeinen Zustand der Straßen.

Aufgabe 24

Die Besucherströme, durch die der Zielraum erschlossen wird und damit genutzt werden kann. Es entsteht durch Angebot und Nachfrage.

Aufgabe 25

die gebaute oder natürlich vorhandene Umwelt der nachgefragten Orte, die zu einer Nutzung führen können

Aufgabe 26

Hierunter versteht man das gesamte Aufnahmevermögen der Zieldestination. Es entsteht durch die vorhandene Infrastruktur.

Aufgabe 27

Hierunter versteht man die Erreichbarkeit der Zieldestinationen sowie der Potenziale und Kapazitäten, die sich innerhalb der Zielräume befinden. Die erholungsräumliche Erreichbarkeit ist Vorbedingung für die Realisierbarkeit der Erholungsnachfrage.

Aufgabe 28

- Schlösser,

- Museen,

- Windmühlen,

- alte Häuser, Denkmäler

Aufgabe 29

- Sprache,

- regionale Speisen,

- spezielles Brauchtum,

- Volkstum,

- spezielle Mentalität

Aufgabe 30

Destination wird als geographischer Raum, den der jeweilige Gast (oder ein Gästesegment) als Reiseziel auswählt definiert. Sie enthält sämtliche für einen Aufenthalt notwendigen Einrichtungen für Beherbergung, Verpflegung, Unterhaltung/Beschäftigung. Sie ist somit die Wettbewerbsein-

heit im Incoming Tourismus, die als strategische Geschäftseinheit geführt werden muss.

Aufgabe 31

- Küste,

- Tief-/Flachland,

- Mittelgebirge und

- Hochgebirge

Aufgabe 32

- Klima,

- Gewässer,

- Vegetation und Tierwelt oder

- Relief

Aufgabe 33

Unterschiedliche verhaltenswissenschaftlichen Ansätze versuchen, die
Reiseentscheidung zu begründen. Einer der untersuchten Faktoren ist
dabei das Kaufverhalten, wobei vier unterschiedliche Arten betrachtet
werden:

- rationales Kaufverhalten: die Reiseentscheidung wird u. a. durch
  Preisvergleiche getätigt, der Kunde beschäftigt sich umfangreich
  mit unterschiedlichen Angeboten

- impulsives Kaufverhalten: der Kunde bucht spontan, häufig beeinflusst durch Werbung

- Gewohnheitskaufverhalten: der Kunde bucht seit Jahren den gleichen Urlaubsort, den er „kennt"

- sozialabhängiges Kaufverhalten: der Kunde bucht zu der Zieldestination, die seine „Gruppen" vorgibt

Aufgabe 34

Bedürfnis ist ein Mangelerlebnis, bei dem ein Drang besteht, dass dieses Bedürfnis befriedigt wird. Es lässt sich in drei Arten unterteilen:

1. nach der Dringlichkeit

a. Existenzbedürfnisse

b. Kulturbedürfnisse

c. Luxusbedürfnisse

2. nach der Bewusstheit

a. offene Bedürfnisse

b. latente Bedürfnisse

3. nach der Art der Befriedigung

a. Individualbedürfnisse

b. Kollektivbedürfnisse

Aufgabe 35

Maslow gliedert die Bedürfnisse in eine Pyramide ein, bei der die unterste Ebene die Grundbedürfnisse bilden. Hierunter fallen Essen, Wohnen und Schlafen. Danach kommt die Ebene der Sicherheitsbedürfnisse, zu denen Gesetze, Versicherungen und Vorsorgen gehören und im Urlaub eine immer größere Rolle spielen (Schutz vor Kriminalität, politischen

Unruhen, destinationsspezifischen Krankheiten, etc.). Es folgt die Ebene
der sozialen Bedürfnisse (Freundschaft, Liebe) und die Ebene der Wertschätzungsbedürfnisse (Anerkennung). Die oberste Ebene bilden die
Entwicklungsbedürfnisse, d. h. Selbstverwirklichung und Freude.

Aufgabe 36

Eng mit den Bedürfnissen hängen die „Boomfaktoren" des Reisens zusammen. Mit der Erfüllung der übergeordneten Bedürfnisse wächst das
Bedürfnis nach Reisen. Steigende Einkommen, gepaart mit steigendem
Wohlstand, steigender Motorisierung, wachsender Mobilität verbunden
mit wachsender Freizeit haben den Tourismus „erblühen" lassen. Ebenfalls wirken hier Faktoren wie die Verstädterung und der Wertewandel,
die zu einem „Fliehen" in den Urlaub geführt haben. Letztlich hat der
Ausbau der Tourismusindustrie in den Zieldestinationen den Wunsch
entstehen lassen, fremde Länder zu besuchen.

Aufgabe 37

Tourismus fördert das Zusammenkommen von Touristen mit den Inländern der Zieldestination(en).

Dies ist einerseits positiv, da es zu einer Aufwertung der (Urlaubs-
)Region kommt oder auch Touristen neue Kulturen kennenlernen. Unter
Akkulturation versteht man den Prozess der gegenseitigen Beeinflussung unterschiedlicher Kulturen. Durch gegenseitige Kontakte werden
Bedürfnisse geweckt, die Veränderungen im eigenen Verhalten hervorrufen. Die (Urlaubs-)Region erfährt häufig einen wirtschaftlichen Aufschwung. Umgekehrt kann aber auch ein Kulturschock entstehen, wenn
es zu einer zu schnellen Tourismusentwicklung kommt, und eine Verwestlichung droht. Es droht der Verlust kultureller Werte und ein Sitten-

verfall. Auch können soziale Spannungen entstehen, wenn die durch den Tourismus beeinflussten Inländer andere Wertvorstellungen entwickeln als andere Inländer. Letztlich gibt es ökonomische Risiken aus dem Tourismus. So besteht in Urlaubsregionen häufig das Risiko der Saisonalität von Arbeitsplätzen. Traditionelle Handwerksformen, die in den Urlaubsdestinationen betrieben wurden, verlieren häufig an Bedeutung. Durch die Entwicklung des Tourismus drohen häufig auch steigende Bodenpreise und eine Auswirkung des Tourismus auf die Lebenshaltungskosten.

Daneben bestehen Risiken aus unterschiedlichen politischen oder religiösen Verhältnissen oder aus unterschiedlichem Reichtum.

Aufgabe 38

- Wertschöpfungseffekt: der Tourismus erbringt Wertschöpfung für eine Volkswirtschaft,

- Beschäftigungsfunktion: der Tourismus schafft Arbeitsplätze,

- Einkommensfunktion: Gäste geben Geld aus, das die Einwohner der Destination als Einkommen verbuchen können,

- Ausgleichsfunktion: der Tourismus kann einen Ausgleich zwischen den touristischen Destinationen und den Metropolen bewirken,

- Zahlungsbilanzfunktion: der Tourismus bringt Devisen in ein Land.

Aufgabe 39

Dem Tourismus kommen in der Volkswirtschaft eine direkte, eine indirekte und eine induzierte Wertschöpfungsfunktion zu:

- die direkte Wertschöpfung umfasst solche touristischen Umsätze, die Touristen in der Tourismus- und anderen Industrien ausgeben.

- Indirekte Wertschöpfung umfasst hingegen Ausgaben für Vorleistungen und Investitionen für touristische Leistungen.

- Induzierte Wertschöpfung beinhaltet die Ausgaben, die aufgrund der erhöhten Kaufkraft in der Zieldestination entstehen.

Aufgabe 40

- Kurtaxen,

- Fremdenverkehrsabgaben,

- Einnahmen aus der angebotenen Infrastruktur

- etc.

Aufgabe 41

- Anfangsphase: geprägt durch geringe Zahl an Besuchern, insbesondere Forscher und Gelehrte, aber auch Geschäftsleute kommen, Auswirkungen auf das Gastland sind nur sehr gering vorhanden;

- Anpassungsphase: Tourismus wird so häufig statt, dass er von der Bevölkerung wahrgenommen wird. Es bilden sich Touristenunterkünfte und Restaurants, Kontakte zwischen Besuchern und Einheimischen finden häufig statt. Touristen passen sich den lokalen Gegebenheiten an;

- Entwicklungsphase: Tourismus wird systematisch insbesondere von staatlicher Seite entwickelt. Ein touristischer Arbeitsmarkt ent-

steht, der Anteil des Tourismus am Bruttonationaleinkommen steigt
an;

- Stagnationsphase: die touristische Nachfrage stagniert. Der Tourismus ist in den Alltag der Destination eingezogen;

- Regenerationsphase: es wird versucht, die Potenziale des Tourismus zu erhalten und zu bewahren;

- Degenerationsphase: die Potenziale werden nach und nach verschlissen. Die Nachfrage bricht ein. Nur durch Erneuerungs- und
  Weiterentwicklungsmaßnahmen lassen sich die Potenziale wieder
  erschließen.

Aufgabe 42

Der Tourismus hat an verschiedenen Stellen negativen Einfluss auf die
Umwelt:

- da Fernreisen mit dem Flugzeug vorgenommen werden, werden
  große Mengen an CO_2 in der höheren Atmosphäre abgegeben.
  Gerade dies führt zu einem stärkeren Treibhauseffekt;

- auch bei Nahzielen wird durch die Fahrt mit dem Pkw CO_2 freigesetzt;

- Flugzeuge verbrauchen an den Zieldestinationen große Flächen,
  da Flughäfen gebaut werden müssen;

- für Autos sind große Parkflächen zu unterhalten;

- Urlauber verbrauchen deutlich mehr Wasser als Einheimische in
  den touristischen Zielgebieten. Dies kann zu Wasserknappheit führen.

Aufgabe 43

- harter Tourismus: es erfolgt „hartes Reisen", der Urlauber hat wenig Zeit, nimmt die schnellsten Verkehrsmittel und schädigt damit
  die Umwelt. Sehenswürdigkeiten werden nicht besucht, sondern
  „geknipst".

- sanfter Tourismus: Urlaubsform, bei der die Verbindung mit der sozialen und natürlichen Umwelt in der Urlaubsdestination im Mittelpunkt steht. Lokale Güter werden verbraucht, u. a. am lokalen
  Brauchtum wird teilgenommen.

Aufgabe 44

Der touristische Markt ist ein globaler Käufermarkt.

Aufgabe 45

- Reisebüro,

- Reiseversicherung,

- Visabesorgung,

- Reiseliteratur,

- Mietwagen,

- Flug,

- Hotel,

- Ausflüge

Aufgabe 46

- Konzentration auf der Anbieterseite: in den vergangenen Jahren haben sich mit der Tui Touristik, Thomas Cook oder Rewe Touristik große Tourismusunternehmen gebildet, die eine große Marktmacht auf sich vereinen. Diese Tourismusunternehmen haben eine vertikale Integration betrieben, indem sie aufeinander folgende Dienstleistungsstufen des Tourismus vereinigt haben (Veranstalter, Reisebüro, Zielgebietsagenturen, Hotels, Fluggesellschaften, etc.), und eine horizontale Integration, indem Unternehmen der gleichen Dienstleistungsstufe zusammengeschlossen wurden (Beispiel: ITS Reisen, Dertour);

- Spezialisierung auf Seiten der Anbieter: auf verschiedenen Dienstleistungsstufen haben sich in den vergangenen Jahren Spezialanbieter entwickelt, die den traditionellen Anbietern große Konkurrenz machen. Zu nennen sind hier etwa Internet-Reisebüros, die konzernunabhängig dem Kunden eine große Auswahl an Reisen zu günstigen Preisen anbieten.

Aufgabe 47

World Tourism Organization, Unterorganisation der UNO. Ziel der WTO ist es, die Entwicklung des Tourismus zu fördern, um zur ökonomischen Entwicklung, internationalen Verständigung, Frieden, Wohlstand und Einhaltung der Menschenrechte beizutragen.

Aufgabe 48

International Air Transport Association, Dachorganisation des gewerblichen Luftverkehrs. Ihre Zielsetzung ist die Förderung des sicheren,

planmäßigen und wirtschaftlichen Transportes von Menschen und Gütern in der Luft. Die IATA nimmt auch Einfluss auf die Preisfestlegung, so
dass es eine Art des Preiskartells ist. Zur Identifizierbarkeit von Flughäfen, Fluggesellschaften und Flugzeugtypen sorgen die IATA Codes. Weiterhin definiert die IATA Sicherheitsstandards, die von den Mitgliedsgesellschaften einzuhalten sind.

Aufgabe 49

Ziel ist die Schaffung touristischer Infrastruktur in der EU über Fördermittel.

Aufgabe 50

European Travel Commission, Dachorganisation für 39 nationale europäische Tourismus-Verbände und –organisationen. Aufgabe ist die weltweite Vermarktung des Ziels „Europa" in Überseemärkten.

Aufgabe 51

- Wirtschafts- und Finanzministerien (jeweils in Bund und Ländern) –
  bestimmen Subventionen für einzelne Zielgebiete und Steuern wie
  Zollsteuern,

- Verkehrsministerien (jeweils in Bund und Ländern) – erschließen
  touristische Gebiete über neue Straßen,

- Kulturministerien (jeweils in Bund und Ländern) – subventionieren
  Theater, Museen, etc.,

- Dehoga – klassifiziert die Hotels nach einheitlichen Vorgaben,

- Verkehrsverbünde – organisieren einheitliche Verkehrstarife in einer Region

Aufgabe 52

- DZT

- DTV

- BTW

- Deutscher Heilbäderverband

Aufgabe 53

Deutsche Zentrale für Tourismus e.V., vermarktet im Auftrag der Bundesregierung das Reiseland Deutschland im In- und Ausland. Sie finanziert sich durch öffentliche Mittel und eigene Einnahmen. Die strategischen Handlungsfelder sind:

o Image des Reiselandes Deutschland stärken

o Wachstum des Tourismus auf Weltniveau erzielen

o Vernetzung und touristischer Ausbau Flug, Bahn und Straße

o Sicherung des Geschäftsreisestandorts Nr. 1 in Europa

o Herausforderungen der Soziodemografie international meistern

o Kulturstandort Deutschland touristisch nutzen und entwickeln

o Gesundheitstourismus vor allem national ausbauen

o Aufgrund Klimawandel Szenarien und Produkte entwickeln

o Internationalisierung der Städte und Regionen vorantreiben

o Multichanneling im Vertrieb weltweit nutzen

Aufgabe 54

DTV: Deutscher Tourismusverband e.v., Dachverband kommunaler, regionaler und landesweiter Tourismusorganisationen. Mitglieder sind Landestourismusorganisationen, Stadtstaaten sowie regionale Tourismusorganisationen. Ein Ziel des DTV ist die Verbesserung politischer Rahmenbedingungen für den Tourismus in Deutschland.

Aufgabe 55

Bundesverband der Deutschen Tourismuswirtschaft, getragen von Unternehmen der Tourismuswirtschaft, ist der Dachverband der Tourismuswirtschaft. Ziel ist die Verbesserung der Rahmenbedingungen.

Aufgabe 56

Deutscher Heilbäderverband: Vereinigung der Landesverbände der Heilbäder und Kurorte – in den Landesverbänden sind die jeweiligen Heilbäder und Kurorte vereinigt. Der Deutsche Heilbäderverband hat die Zielsetzung. Aufgabe ist neben Lobbyarbeiten die Beratung der Mitglieder in allen Fragen des Heilbäderwesens und des Gesundheitstourismus.

Aufgabe 57

- Sicherung der Rahmenbedingungen

- Steigerung der Leistungs- und Wettbewerbsfähigkeit des deutschen Tourismus

- Intensivierung der internationalen Zusammenarbeit im Tourismus,

- Verbesserung der Koordination zwischen Bund und Ländern,

- Erhaltung von Umwelt, Natur und Landschaft als Grundlage des Tourismus

Sicherung der Rahmenbedingungen bedeutet Sicherung und Weiterentwicklung der touristischen und der Verkehrsinfrastruktur oder Schutz deutscher Touristen im Ausland.

Die Steigerung der Leistungs- und Wettbewerbsfähigkeit wird etwa durch die Förderung mittelständischer Unternehmen erreicht, aber auch durch Auf- und Fortbildung.

Die internationale Zusammenarbeit lässt sich fördern durch entsprechende europäische Projekte, aber auch spezielle bilaterale Zusammenarbeit mit einzelnen anderen Staaten.

Aufgaben zu Tourismus Management

Aufgabe 1

Was ist Change Management?

Aufgabe 2

Was ist Lean Management?

Aufgabe 3

Welche Ziele hat Lean Management?

Aufgabe 4

Welche Voraussetzungen müssen erfüllt sein, um Lean Management einsetzen zu können?

Aufgabe 5

Was versteht man unter Human Resources Management?

Aufgabe 6

Welche Ziele hat das Human Resources Management?

Aufgabe 7

Welche Teile hat das Human Resources Management?

Aufgabe 8

Welche Ziele und Aufgaben hat die Personalplanung?

Aufgabe 9

Welche Aufgaben hat das Personalcontrolling?

Aufgabe 10

Erläutern Sie die verschiedenen Möglichkeiten der Personalbeschaffung und die jeweiligen Vor- und Nachteile sowie Methoden!

Aufgabe 11

Welche Aufgaben hat die Personalentwicklung?

Aufgabe 12

Was ist Yieldmanagement?

Aufgabe 13

Was ist die Basis des Yieldmanagement?

Aufgabe 14

Was ist der Kern der Preisdifferenzierung?

Aufgabe 15

Was ist die vertikale Preisdifferenzierung?

Aufgabe 16

Was ist die horizontale Preisdifferenzierung?

Aufgabe 17

Welche Voraussetzungen müssen erfüllt sein, um Preisstrategien ausführen zu können?

Aufgabe 18

Welche Arten der Preisdifferenzierung lassen sich unterscheiden?

Aufgabe 19

Welche Nachteile hat das Yieldmanagement?

Aufgabe 20

Was ist Projektmanagement?

Aufgabe 21

Durch welche Sachverhalte ist ein Projekt gekennzeichnet?

Aufgabe 22

Was versteht man unter Qualitätsmanagement?

Aufgabe 23

Welche Prämissen hat TQM?

Aufgabe 24

Was sind die elementaren Bestandteile von TQM?

Aufgabe 25

Was versteht man unter einer „Krise"?

Aufgabe 26

Was versteht man unter „Katastrophen"?

Aufgabe 27

Nennen Sie typischen Krisen im Tourismus und führen Sie Beispiele an!

Aufgabe 28

Was ist das Krisenmanagement und welche Maßnahmen sollten dort definiert sein?

Aufgabe 29

Was sind Reisevertriebssysteme?

Aufgabe 30

Was versteht man unter Front Office und Back Office?

Aufgabe 31

Was sind Best-Buy-Systeme?

Aufgabe 32

Was erwartet ein Kunde von einer Website?

Aufgabe 33

Welche Möglichkeiten der Kommunikation mit dem Kunden bestehen über eine Website?

Aufgabe 34

Was muss bei der Umsetzung einer Website alles beachtet werden?

Aufgabe 35

Was sind CRS?

Aufgabe 36

Welche Vor- und Nachteile bieten Call Center?

Aufgabe 37

Welche Gründe sprechen für und gegen eine selbstprogrammierte Software?

Aufgabe 38

Was sind MIS?

Aufgabe 39

Was sind PIS?

Aufgabe 40

Welche Aufgabe hat eine Kundendatenbank?

Aufgabe 41

Was ist eine Veranstaltung?

Aufgabe 42

Was ist ein Event und welche Ziele hat es?

Aufgabe 43

Was sind Incentives und welche Arten gibt es?

Aufgabe 44

Was ist Merchandising?

Aufgabe 45

In welchen Schritten verläuft ein Projekt?

Aufgabe 46

Erläutern Sie die einzelnen Schritte eines Projekts!

Aufgabe 47

Welche Besonderheiten haben Incentives steuer- oder sozialversicherungsrechtlich?

Aufgabe 48

Welche Publikumsmedien lassen sich unterscheiden?

Aufgabe 49

Welche Arten von Newslettern gibt es? Welche Vor- und Nachteile haben Newsletter?

Aufgabe 50

Was sind Fachmedien?

Aufgabe 51

Welche Aufgaben hat die Medienarbeit?

Aufgabe 52

Welche Adressaten hat die Medienarbeit?

Aufgabe 53

Welche typischen Fehler werden bei der Erstellung von Pressetexten gemacht?

Aufgabe 54

Für welche Zwecke eignen sich Pressekonferenzen?

Aufgabe 55

Welche Nachbereitungsschritte sollten für die Nachbearbeitung der Medienarbeit vollzogen werden?

Aufgabe 56

Welche quantitativen Faktoren zur Erfolgsmessung der Medienarbeit lassen sich unterscheiden?

Lösungen zu Tourismus Management

Aufgabe 1

Change Management – wörtlich übersetzt Veränderungsmanagement – bedeutet die Anpassung der Strukturen, Abläufe und Verhaltensweisen, die in einer Organisation eingesetzt werden. Ziel des Change Management ist es, die in der Organisation liegenden Kräfte aufzudecken und zu ihrem Nutzen einzusetzen.

Change Management ist ein fortlaufender Prozess, da sich mit jeder Modewelle das Unternehmen verändern muss.

Aufgabe 2

Lean Management bedeutet in wörtlicher Übersetzung "schlankes Management". Kern dieser Strategie ist die effiziente Gestaltung der Wertschöpfungskette durch Änderung der Denkprinzipien, Methoden und Verfahrensweisen.

Aufgabe 3

Ziele von Lean Management sind:

- Fokussierung auf den Kunden,

- Einsparung ganzer Hierarchiestufen durch Kompetenzerweiterungen von Mitarbeitern,

- schnellere Entscheidungen,

- steigende Motivation der Mitarbeiter durch höhere Eigenverantwortung,

- sinkende Fehlerquoten,

- Kundenorientierung als Unternehmensleitbild,

- etc.

Aufgabe 4

Um Lean Management einsetzen zu können, sind verschiedene Voraussetzungen zu erfüllen:

- Analyse der Ausgangssituation mit Aufdeckung der Problemfelder,

- verbesserte Qualifikation der Mitarbeiter,

- Einführung von Gruppenarbeit,

- stärkere Nutzung moderner Technologien,

- usw.

Aufgabe 5

Unter Human Resources Management versteht man den Einsatz des Produktionsfaktors Mensch. Ziel ist die Produktivitätsverbesserung des einzelnen Mitarbeiters, eines Teams oder des ganzen Personalbestandes einer Firma. Als Methode wird der zielgerichtete Einsatz des Mitarbeiters eingesetzt, der zum richtigen Zeitpunkt die richtige Aufgabe zu erfüllen hat. Unterstützt wird dies durch lebenslanges Lernen.

Aufgabe 6

Grundsätzliches Ziel des Human Resources Management ist die Kostenminimierung bei gleichzeitiger Leistungsmaximierung. Dazu sollen Innovationen durch die Mitarbeiter gefördert werden und deren Kreativität geweckt werden. Auf der anderen Seite hat der Arbeitgeber eine Fürsorgepflicht, die durch das Human Resources Management abgedeckt werden muss. Auch die Mitarbeitermotivation ist Kernaufgabe des Human Resources Management.

Aufgabe 7

Teile des Human Resources Management sind:

- Personalplanung
- Personalcontrolling
- Personalbeschaffung
- Personalentwicklung
- Personalführung
- Personalverwaltung

Aufgabe 8

Die Personalplanung hat das Ziel, dass das Unternehmen jederzeit

- die richtige Anzahl an Personal,
- in der richtigen Qualifikation,
- zum richtigen Zeitpunkt,
- am richtigen Ort und
- im vorgegebenen Kostenplan

zur Verfügung hat. Die Aufgaben, die die Personalplanung hierzu übernehmen muss, sind:

- den quantitativen Personalbedarf ermitteln;

- den qualitativen Personalbedarf ermitteln;

- die Personalfreisetzung – wenn nötig – ermitteln;

- Personalengpässe erkennen und entsprechende Maßnahmen entwicklen;

- die Personalentwicklung erkennen und planen;

- die Personalkosten planen;

- die Personalkosten steuern.

Aufgabe 9

Das Personalcontrolling hat die Aufgabe der Steuerung des Personals über

- Mitarbeiterzahlen,

- Kostenstrukturen,

- Bildungsbedarfsanalysen,

- Fehlzeitenanalysen,

- etc.

Aufgabe 10

Die Personalbeschaffung lässt sich sowohl intern als auch extern bewerkstelligen. Die interne Personalbeschaffung wird dabei über das Instrument der Versetzung durchgeführt. Zudem lässt sich die interne Personalbeschaffung durch verschiedene indirekte Maßnahmen durchführen:

- Mehrarbeit

- Urlaubsverschiebung

- Leistungssteigerung (durch Qualifikation)

Für die externe Personalbeschaffung stehen dagegen unterschiedliche Möglichkeiten zur Verfügung. Hierzu zählen Personalanzeigen in Printmedien, Jobbörsen, über Arbeitsvermittler usw.

Die interne Personalbeschaffung hat verschiedene Vorteile:

- Bessere Motivation,

- höhere Bindung der Mitarbeiter an das Unternehmen,

- Mitarbeiter kennt bereits das Unternehmen,

- Beschaffungskosten sind geringer,

- Einarbeitungszeit ist in der Regel geringer,

- Stellenbesetzung kann schneller vorgenommen werden,

- Fachkenntnisse sind bereits bekannt,

- in der Regel kostengünstiger,

- positive Auswirkungen auf das Betriebsklima

Daneben sind aber auch verschiedene Nachteile der internen Personalbeschaffung zu beachten:

- es entsteht eine neue Lücke, die wiederbesetzt werden können müsste,

- Gefahr des „Weglobens",

- der Mitarbeiter ist möglicherweise „betriebsblind",

- es werden keine Impulse von außen gegeben,

- es bestehen mögliche Akzeptanzprobleme,

- Auswahl ist geringer als unter Hinzuziehung externer Quellen

Die externe Personalbeschaffung lässt sich über verschiedene Medien durchführen:

- Internet

- betriebsinterne Ausschreibung

- Printmedien

- Bundesagentur für Arbeit

- Personalberatungen

Aufgabe 11

Unter Personalentwicklung versteht man die Maßnahmen und Konzepte, die dazu geeignet sind, die beruflichen Qualifikationen des Mitarbeiters zu fördern. Ziel der Personalentwicklung ist, dem Unternehmen zum richtigen Zeitpunkt rechtzeitig qualifizierte Mitarbeiter zur Verfügung zu stellen. Daneben ist sie für die berufliche Weiterentwicklung der Mitarbeiter wichtig, da damit der Aufstieg des einzelnen Mitarbeiters ermöglicht wird.

Aufgabe 12

Yieldmanagement wird in der Regel mit Ertragsmanagement übersetzt. Es behandelt eine meist IT-gestützte Steuerung der Preise und Kapazitäten und wird vor allem von Reiseunternehmen, aber auch Eisenbahnunternehmen, Friseuren, Theatern etc. eingesetzt. Kern des Yieldmanagement ist eine Preisdifferenzierung für einzelne Waren, d. h. unterschiedliche Preise für die gleiche Ware, etwa eine Reise, an unterschiedlichen Tagen. Zudem findet eine Kontingentierung statt, d. h. bestimmte Preise werden nur an vorher definierte Kontingente vergeben (erste 20 Plätze 100 €, danach Normalpreis von 599 €).

Aufgabe 13

Basis des Yieldmanagement sind die entsprechenden Informationssysteme, die entscheidend für den Erfolg des Yieldmanagement sind. Zu den bekannten Input-Faktoren Kapazität, Preis, Auslastung, bisherige Nachfrage und externen Faktoren wie Ferienzeiten kommen noch unbekannte Faktoren wie die zukünftige Nachfrage, Stornoquoten und unvorhergesehene Ereignisse (Naturkatastrophen usw.). Bei optimaler Verknüpfung dieser Inputfaktoren wird das Yieldmanagement sehr erfolgreich sein, ansonsten kann es zu größeren Problemen führen.

Aufgabe 14

Preisdifferenzierung bedeutet die Kunst, ein und dasselbe Produkt zu unterschiedlichen Preisen zu verkaufen, und zwar zu dem jeweils für höchstmöglich gehaltenen

Aufgabe 15

Preisdifferenzierung bei gegebener Marktaufteilung (Marktsegmente = Daten der Preispolitik; jedes Marktsegment/Teilmarkt umfasst Nachfrager mehrerer oder aller Preisklassen)

Aufgabe 16

Preisdifferenzierung bei vom Unternehmen willkürlich vorgenommener Marktaufteilung (Zusammenfassung der Nachfrager mit gleicher oder ähnlicher Kaufbereitschaft zu einem Marktsegment; resultierend daraus werden unterschiedliche Preise der Marktsegmente verlangt)

Aufgabe 17

- es müssen unterschiedliche Maximalpreise und Preiselastizitäten vorliegen (Nachfrager müssen unterschiedliche Preisbereitschaften aufzeigen)

- Nachfrager mit verschiedenen Preisbereitschaften müssen voneinander separiert werden können. Daraus resultierend müssen die unterschiedlichen Preissegmente erkannt und zielgerecht bearbeitet werden können.

- Vorhandensein eines akquisitorischen Potentials bei dem Unternehmen, welches die Preisdifferenzierung einsetzt; bei Preiserhöhungen muss davon auszugehen sein, dass nicht alle Nachfrager zur Konkurrenz übergehen. Preissenkungen in anderen Segmenten sollten im Gegenzug dazu jedoch auch nicht dazu beitragen, dass jegliche Nachfrager von der Konkurrenz abwandern.

Aufgabe 18

- Zeitliche Preisdifferenzierung (Bsp.: Haupt-, Vor-, Nachsaison)

- Räumliche Preisdifferenzierung (Bsp.: nach Abreiseorten)

- Personelle Preisdifferenzierung (Bsp.: Kinder-, Jugendreisen, Seniorenreisen, etc.)

- Preisdifferenzierung nach Buchungszeitpunkt

- Mehr-Personen-Preisdifferenzierung (Bsp.: Deutsche Bahn AG - Gruppenkarte „Gruppe&Spar" ab 6 Personen)

- Quantitative Preisdifferenzierung (Bsp.: Lufthansa – Flugmeilen sammeln)

- Preisbündelung (Bsp.: Pauschalreisen   Flug- und Hotelbuchung)

- Spezifische Preisdifferenzierung bei Dienstleistungen (= Yield-Management; Bsp.: Abflug am 01.11.2009 -10%)

Aufgabe 19

- der Kunde kann sich an niedrigere Preis gewöhnen, so dass dauerhaft ein schlechteres Ergebnis erzielt werden könnte,

- reguläre Preise könnten vom Kunden als überteuert angesehen werden,

- Kunden könnten aufgrund des Yield Managements abwandern.

Aufgabe 20

Projektmanagement ist ein unterschiedlich nutzbarer Begriff. Die DIN-Norm DIN 69901 definiert Projektmanagement wie folgt: „Projektmanagement ist die Gesamtheit von Führungsaufgaben, -organisation, -techniken und -mitteln für die Abwicklung eines Projektes".

Aufgabe 21

Danach ist ein Projekt durch verschiedene Sachverhalte gekennzeichnet:

- Einmaligkeit: ein Projekt findet in der gleichen Form kein zweites Mal statt

- Endlichkeit: das Projekt hat einen Endzeitpunkt

- Restriktionen: es stehen immer begrenzte Mittel zur Verfügung

- Abgrenzbarkeit: das Projekt ist gegenüber anderen Projekten klar abgrenzbar

160

- Komplexität: ein Projekt ist immer durch einen Mindest-Schwierigkeitsgrad gekennzeichnet

- Risiko: die Lösung eines Projektes ist nie sicher, sondern immer mit einem Risiko verbunden

Aufgabe 22

Total Quality Management – auch als Qualitätsmanagement bezeichnet – beschreibt die Vorgehensweise, Qualität als Ziel einzuführen und dauerhaft umzusetzen.

Aufgabe 23

Es basiert auf verschiedenen Prämissen:

- Qualität wird in allen Unternehmensbereichen gleichermaßen erstellt,

- alle Mitarbeiter sind gleichermaßen für die Qualität verantwortlich;

- es gibt eine interne Zusammenarbeit über alle Abteilungen;

- Qualität ist ein langfristiges Ziel und nie erreichbar, d. h. es gibt immer Verbesserungspotenzial.

Aufgabe 24

Ein TQM kann unterschiedlich aufgebaut sein. Folgende Elemente sind aber elementare Bestandteile eines erfolgreichen TQM:

- Erarbeiten einer Qualitätspolitik,

- Festlegung von Haupt- und Unterzielen,

- Aufbau eines Kundeninformationssystems,

- Erarbeitung einer Prozessplanung,

- Einbindung aller Mitarbeiter,

- Qualitätsinformationssystem zur rechtzeitigen Information.

Aufgabe 25

Unter Krise versteht man eine problematische, mit einem Wendepunkt verknüpfte Situation, die eine schnelle Entscheidung verlangt. Krisen reichen von einfachen Störungen des täglichen Betriebsablaufs bis zu laufend schlechter Berichterstattung über ein Unternehmen.

Aufgabe 26

Im Unterschied zu Krisen sind Katastrophen unvorhersehbare, sehr schnell einsetzende und unabwendbare Situationen. Sie haben für Natur und / oder Menschen verheerende Auswirkungen mit häufig tödlichem Ausgang. Katastrophen sind häufig die Ursache für die Entwicklung langfristiger Krisen.

Aufgabe 27

Typische Krisen im Tourismus können aus den folgenden Sachverhalten resultieren:

- klimabedingte Krisen: Überschwemmungen oder Stürme treten in bestimmten Regionen der Welt relativ häufig auf;

- terroristische oder kriegerische Krisen: Terrorangriffe (Djerba, Spanien, USA) oder Kriege (Sri Lanka, Teile Afrikas);

- gesundheitsbedingte Krisen: Tropenkrankheiten wie Malaria, aber auch temporär auftretende Krankheiten wie SARS;

- technisch bedingte Krisen: durch menschliches Versagen, Ausfall von Maschinen, Busunfälle, etc.;

- wirtschaftlich bedingte Krisen: Insolvenz von Flugunternehmen, touristischen Anbietern, etc.

Aufgabe 28

Das Krisenmanagement beschäftigt sich mit dem Umgang mit Krisen. Ziel ist es, bei Eintritt einer Krise sofortige Gegenmaßnahmen zu ergreifen. Inhalt des Krisenmanagements sind Frühwarnsysteme, Krisen- und Notfallpläne. Maßnahmen, die vorab getroffen werden sollten, sind:

- klare Festlegung des Personenkreises für den Krisenstab, dessen Aufgaben, Kompetenzen und Handlungsrahmen,

- Festlegung der Absprachen, die der Krisenstab zu treffen hat,

- klare Richtlinien für Public Relations-Maßnahmen infolge einer Krise.

Aufgabe 29

Reisevertriebssysteme sind Vertriebssysteme, die elektronisch und rechnergestützt funktionieren und Beratung, Verkauf und administrative Leistungen übernehmen. In- und Outputs erfolgen durch standardisierte Formulare, so dass alle angeschlossenen Anbieter und Leistungsträger einheitliche Dialogschritte verfolgen.

Aufgabe 30

Während unter Front Office der eigentliche Handel (Geschäftsabschluss mit Kunden) verstanden wird, fallen unter Back Office alle verwaltenden

Tätigkeiten. Front Office Lösungen unterstützen somit direkt den Verkauf, während Back Office-Lösungen den Ablauf des Verkaufs unterstützen sollen. Sie sind etwa elementarer Bestandteil von E-Commerce-Lösungen in der Touristik. Im Vordergrund stehen der Betrieb eigener Reiseportale oder Vertriebslösungen, die Dritten bereitgestellt werden.

Aufgabe 31

Best-Buy-Systeme bilden das Preis-Leistungs-Verhältnis ab und sind damit wichtiges Element der Beratung. Ermöglicht werden damit Preisvergleiche, die bei verkürzter Beratungszeit ermöglicht werden.

Aufgabe 32

- Produktsuchmöglichkeiten,

- Preise,

- Bestellformen (Reservierung oder Buchung),

- Zahlungsabwicklung,

- grundlegende Informationen über den Reiseveranstalter,

- nähere Informationen zu den Reisezielen, am besten unterlegt mit Videos,

Aufgabe 33

- Chatrooms,

- Foren,

- E-Mail,

- Newsletter,

- Bestellformulare

Aufgabe 34

- Make-or-buy-Entscheidung für die Website,

- wie viele und welche Domains sollen genutzt werden,

- welche Serverleistungen sollen vorgehalten werden,

- welche Sicherheitseinstellungen (gegen Viren etc.) sollen gewählt werden,

- wie erfolgt die Bestellung im E-Shop,

- wie sollen Eintragungen bei Internet-Suchmaschinen erfolgen,

- sollen Kunden ihre Urlaubserfahrungen in Form von Berichten, Fotos oder Videos bereitstellen können,

Aufgabe 35

Computerreservierungssysteme (CRS) stellen über Rechenzentren Informationen über Preise, Verfügbarkeiten und Buchungsmöglichkeiten von den verschiedenen Bereichen der Touristik bereit. Sie wickeln die Buchung selbst ab und sind damit die notwendige Verbindung zwischen Reisebüros und den Tourismusunternehmen. Sie sind somit die Schnittstelle zwischen diesen Gruppen.

Aufgabe 36

Diese können – im Gegensatz zu in der Regel Reisebüros – dann öffnen, wenn der Kunde es wünscht. Aufgrund der einfachen Handhabung, der eher kurzen Beratungszeiten und der Anonymität zwischen Kunde und Mitarbeiter ist es für viele Kunden ein bevorzugter Vertriebsweg. Für die Mitarbeiter ergeben sich Vorteile aus flexiblen Arbeitszeiten und der Möglichkeit zum Zweitjob. Für den Betreiber ergibt sich der Vorteil der Standortwahl, d. h. es können kostengünstige Standorte gewählt werden.

Neben diesen Vorteilen ergeben sich auch diverse Nachteile. So fehlt der persönliche Kontakt zwischen Mitarbeiter und Kunde, beratungsintensive Produkte sind nur schwer verkäuflich. Gerade ältere Kunden stehen diesem Vertriebsweg eher kritisch gegenüber. Insgesamt stehen deshalb häufig höhere Vertriebskosten zu Buche als bei herkömmlichen Vertriebswegen.

Aufgabe 37

Für eine interne Lösung (Selbstprogrammierung) sprechen

- die Sicherheit,

- individuell erreichbare Lösungen,

- keine unnötigen Zusatzfunktionen.

Allerdings sprechen auch verschiedene Faktoren gegen eine interne Lösung:

- sehr teuer,

- keine externen Erfahrungen anderer Anwender oder von Referenzkunden,

- Mitarbeiterschulung ist schwieriger, da vorhandenes Wissen üblicherweise nicht vorhanden ist,

- Anbindung an vorhandene Software schwierig.

Aufgabe 38

Ein Managementinformationssystem (MIS) hat die Aufgabe, die Geschäftsleitung bzw. die zuständigen Stellen mit aktuellen quantitativen und qualitativen Informationen zu versorgen. Angestrebt wird dabei ein direkter Zugriff auf die Informationen. Zu diesem Zweck sind die betrieblichen Kommunikationssysteme möglichst einfach zu gestalten.

Zu den Managementinformationssystemen gehören:

- Personalinformationssysteme,

- Planungssysteme,

- Controllingsysteme,

- Kundendatenbanken,

- Warenwirtschaftssysteme,

- Kommunikationssysteme.

Aufgabe 39

Personalinformationssysteme haben die Ziele, Zeiterfassungen vorzunehmen und die Lohn- und Gehaltsabrechnungen zu erstellen. Aufgabe ist damit das gesamte Human-Resource-Management und die Etablierung des Vergütungsmanagements.

Aufgabe 40

In den Kundendatenbanken sind Kundenprofile zu erstellen, zu erfassen sowie zu pflegen. Darauf aufbauend ist das Customer-Relationship-Management zu etablieren.

Aufgabe 41

Eine Veranstaltung ist eine zeitlich begrenzte Veranstaltung, die ein zweckbestimmtes Ereignis hat und von einer Gruppe von Menschen besucht wird.

Aufgabe 42

Wird ein persönlicher Kontakt zwischen einem Unternehmen oder einem Produkt auf der einen Seite und dem/den Kunden auf der anderen Seite hergestellt, so spricht man von einem Event. Ziel ist eine Verbesserung des Images und eine Verbesserung des Verkaufs. Da das Erlebnis bei einem Event im Vordergrund steht und der Kunde miteinbezogen wird, ist die Erinnerung an einen Event weitaus nachhaltiger als durch andere Veranstaltungen. Events können beispielsweise in Kultur, Sport, Natur, etc. kategorisiert werden. Mit dem Management von Events beschäftigt sich das Event-Management. Hierunter versteht man die Planung, Organisation, Durchführung und Kontrolle von Events.

Aufgabe 43

Incentives sind Anreize, mit denen Geschäftspartner, Kunden, Mitarbeiter oder ganze Organisationen belohnt und /oder motiviert werden sollen. Sie lassen sich in folgende Arten unterteilen:

- Geldprämien: sie sind kein normaler Gehaltsbestandteil, sondern werden als Belohnung für besondere Leistungen eingesetzt. Geldprämien werden vom zu Belohnenden aber häufig als normaler Gehaltsbestandteil angesehen und nicht als Belohnung wahrgenommen;

- Sachprämien: die Belohnung erfolgt hier nicht durch Geld, sondern durch besondere Gegenstände. Allerdings wird es immer schwieriger, Sachgegenstände zu finden, die der zu Belohnende noch nicht hat;

- Incentive-Reisen: es handelt sich um Belohnungsreisen, deren Kern nicht eine Geschäftsreise ist, sondern eine Lustreise;

- Incentive-Events: Veranstaltungen, die in der Regel an besonderen Orten stattfinden und zur Teambildung beitragen sollen.

Aufgabe 44

In diesem Bereich wird auch Merchandising eingesetzt. Hierunter versteht man Verkaufsförderung, bei der eine eigene Wertschöpfung erzielt wird. Während die klassische Verkaufsförderung den Verkauf von Produkten unterstützt, werden beim Merchandising durch Videos, Fanartikel, Bilder, Bücher, Computerspiele, Figuren oder Gebrauchsartikel eigene Verkäufe erzielt. Hier zeigt sich aber auch das Risiko von Merchandising-Artikeln. Treffen sie den Geschmack nicht, können sie ihre Wirkung verfehlen, es kann ein zu hoher Absatz kalkuliert sein und entsprechend zu viel vorbestellt sein. Es kann damit auch ein Imageschaden entstehen.

Aufgabe 45

Ein Projektmanagement durchläuft grundsätzlich die Schritte:

- Analyse

- Planung

- Durchführung und

- Kontrolle

Aufgabe 46

In der Analyse werden die grundlegenden Vorbereitungen erledigt, die erforderlich sind, um ein Projekt zu starten. Die Analyse umfasst die Ausgangssituation und die Ermittlung der Zielsituation.

In der Planung findet die Vorbereitung des Projektes statt. Die Planung wird aber auch noch während des Projektes angepasst, so dass es sich um einen fortlaufenden Prozess handelt.

Die Planung muss verschiedene Faktoren enthalten:

- Festlegung der relevanten Zielgruppe,

- Erstellung eines Konzeptes,

- Festlegung des Budgets,

- Sicherstellung der Finanzierung,

- Prüfung von Konkurrenzveranstaltungen,

- Vermietungsmöglichkeit von Ständen für Partnerunternehmen,

- Festlegung des Orts der Veranstaltung,

- Prüfung der erforderlichen Genehmigungen,

- Prüfung der rechtlichen Sachverhalte, Abschließen entsprechender Versicherungen,

- Prüfung der Art der Vermarktung, Festlegung der Pressearbeit,

- Catering zusammenstellen.

In der Durchführung findet die Steuerung des Projektes statt. Während des gesamten Projektes hat der Projektleiter mit geeigneten Informationen dafür zu sorgen, dass das Projekt richtig fortgeführt wird. Wichtig ist die laufende Gegenüberstellung von Ist- und Planwerten.

In der Kontrolle wird das Projekt in allen Einzelaspekten überwacht. Hier werden bei unerwünschten Ergebnissen Möglichkeiten zur Korrektur gegeben.

Aufgabe 47

Incentives werden steuer- und sozialversicherungsrechtlich unterschiedlich behandelt. Während Geld- oder Sachprämien als geldwerter Vorteil der Besteuerung und der Sozialversicherung unterliegen, können Incentive-Reisen unter die touristische Bildung fallen und dann weder steuerlich noch sozialversicherungsrechtlich herangezogen werden.

Aufgabe 48

Publikumsmedien sind an den Endverbraucher adressierte, der Allgemein zugängliche Medien. Zu den Publikumsmedien zählen Printmedien, TV, Radio, Internet, Reisemessen oder auch Newsletter.

Aufgabe 49

Technisch lassen sich web-basierte Newsletter und E-Mail-gestützte Newsletter unterscheiden. Bei web-basierten Newslettern wird der Artikel auf der Website hinterlegt und nur der Link dazu versendet. Bei E-Mail-gestützten Newslettern wird der Artikel selbst in der Mail versendet.

Web-basierte Newsletter haben den Vorteil, dass die Artikel langfristig verfügbar bleiben und damit etwa auch von Suchmaschinen gefunden werden. Dafür werden Ergebnisse langsamer erzielt, da der Mail-Empfänger zunächst einen Klick ausführen muss, um den Artikel zu lesen. Insofern gibt es auch Reichweitenverluste, da viele Empfänger überhaupt nicht klicken.

E-Mail-gestützte Newsletter führen dagegen zu schnelleren Ergebnissen, haben dagegen keine langfristigen Ergebnisse, da die Artikel in den Mails nicht von Suchmaschinen erfasst werden.

Möglich ist natürlich eine Verknüfung von Web-basierten- und E-Mail-gestützten Newslettern, indem die Artikel gleichzeitig verwendet und auf der Website hinterlegt werden.

Es zeigt sich aber auch, dass Newsletter häufig nicht gelesen werden oder abbestellt werden. Dies liegt an der Informationsüberflutung der Kunden und der häufig mangelnden Kundenorientierung der Newsletter.

Newsletter haben aber verschiedene Vorteile:

- Kunden werden direkt angesprochen,

- schnelle Übermittlung von Informationen an Kunden,

- sehr kostengünstig,

- Kunden können vorab selektiert werden,

- Erfolg ist messbar,

- Newsletter können direkt mit einem Verkauf verbunden werden.

Aufgabe 50

Fachmedien richten sich an eine spezielle Branche und informieren deutlich detaillierter als die Publikumsmedien. Zu den Fachmedien gehören Printmedien, im Tourismusbereich etwa FVW, Fachkongresse oder Messen.

Aufgabe 51

Medienarbeit hat verschiedene Aufgaben:

- Steigerung der Bekanntheit des Unternehmens,

- Imagepflege oder –verbesserung,

- aus den ersten beiden Punkten resultierend eine Steigerung des wirtschaftlichen Ergebnisses,

- Einsatz in der Krisenbewältigung,

- etc.

Aufgabe 52

Als Adressaten für Medienarbeit stehen verschiedene Gruppen zur Verfügung:

- regionale und überregionale Tageszeitungen,

- Spezialzeitschriften,

- Sportmagazine,

- Radio-Sender,

- TV-Sender,

- Internet,

- Messen,

- Reisebüros,

- Reiseveranstalter,

- Tourismusverbände,

- Lobbyisten,

- etc.

Aufgabe 53

- ein Pressetext hat weder Titel noch Datum oder Verfasser,

- kein Voraussetzen speziellen Fachwissens, sollte von jedem verstanden werden,

- Personen werden nur mit Namen, aber ohne Vornamen oder Funktion, verwendet,

- Fachausdrücke und Fremdwörter werden verwendet,

- Ziel ist nicht, Fragen wie wo, wer, was, warum, wann oder wie zu klären,

- Schlussfolgerungen oder Zusammenfassungen werden nicht gegeben

Aufgabe 54

- Neugründungen,

- Vorstellung neuer Produkte,

- bestimmte Ereignisse,

- Krisen

Aufgabe 55

- Erfassung aller Presseberichte,

- Erstellung eines Pressespiegels,

- Pressespiegel allen relevanten Personen zusenden,

- Anlegen eines Archivs,

- Kosten-Nutzen-Analyse

Aufgabe 56

- Auflagenhöhe,

- Erscheinungshäufigkeit,

- Umfang,

- Bildanteil,

- Art des Mediums

Aufgaben zu Tourismus Marketing

Aufgabe 1

Unterscheiden Sie normatives, strategisches und operatives Marketing!

Aufgabe 2

Beschreiben Sie den Wandel des touristischen Marktes in einen Käufermarkt!

Aufgabe 3

Beschreiben Sie den Wandel des Tourismus Marketings im Zeitablauf!

Aufgabe 4

Beschreiben Sie den Marketingprozess!

Aufgabe 5

Welche Aufgabe hat die Marktforschung?

Aufgabe 6

Welcher Unterschied besteht zwischen qualitativer und quantitativer
Marktforschung?

Aufgabe 7

Welcher Unterschied besteht zwischen Primär- und Sekundärforschung?

Aufgabe 8

Nennen Sie Quellen für die Sekundärforschung!

Aufgabe 9

Welche Vor- und Nachteile hat die Sekundärforschung?

Aufgabe 10

Welche Methoden lassen sich in der Primärforschung unterscheiden?

Aufgabe 11

Was ist eine Marktanalyse?

Aufgabe 12

Was ist der Unterschied zwischen Marktanteil und Marktpotenzial?

Aufgabe 13

Was versteht man unter Marktsegmentierung und aus welchen Schritten besteht sie?

Aufgabe 14

Was sind Marketingziele?

Aufgabe 15

Wie muss die Marketingstrategie im Tourismusmarkt grundsätzlich ausgestaltet sein?

Aufgabe 16

Nennen Sie ökonomische Marketingziele!

Aufgabe 17

Nennen Sie strategische Marketingziele!

Aufgabe 18

Nennen Sie Beispiele für Marketingstrategien!

Aufgabe 19

Erläutern Sie die wichtigsten Wettbewerbsstrategien!

Aufgabe 20

Was ist die SWOT-Analyse?

Aufgabe 21

Was ist der Produktlebenszyklus?

Aufgabe 22

Was ist die Portfolio-Analyse?

Aufgabe 23

Was ist das Unternehmensleitbild?

Aufgabe 24

Was ist die Corporate Identity?

Aufgabe 25

Welche Anforderungen sind an eine Zielformulierung zu stellen?

Aufgabe 26

Welche grundlegenden Marketingstrategien lassen sich unterscheiden?

Aufgabe 27

Was ist der Marketing-Mix?

Aufgabe 28

Was ist die Produktpolitik?

Aufgabe 29

Erläutern Sie die Skimmingstrategie!

Aufgabc 30

Was ist die Premiumstrategie?

Aufgabe 31

Was ist die Penetrationsstrategie?

Aufgabe 32

Was ist die Promotionsstrategie?

Aufgabe 33

Nennen Sie die Elemente der Konditionenpolitik!

Aufgabe 34

Welche Fragestellungen müssen in der strategischen Werbeplanung beantwortet werden?

Aufgabe 35

Nennen Sie die Schritte der Werbeplanung!

Aufgabe 36

Was ist bei der Auswahl der Werbeobjekte zu beachten?

Aufgabe 37

Nennen Sie die Haupt- und Subaufgaben des Marketing-Controllings!

Aufgabe 38

Nennen Sie die wichtigsten Instrumente der Marketing-Controllings!

Lösungen zu Tourismus Marketing

Aufgabe 1

Unterscheiden lassen sich normatives, strategisches und operatives Marketing:

- normatives Marketing beschäftigt sich mit den normativen Werten im Marketingmanagement, d. h. beispielsweise der Unternehmensphilosophie oder der Unternehmensethik;

- strategisches Marketing bestimmt den langfristigen Entwicklungsrahmen, die Strategie und die einzusetzenden Konzepte;

- operatives Marketing: beinhaltet die Maßnahmenplanung des Marketing-Mix und dessen weitere operative Umsetzung.

Aufgabe 2

Dem großen Angebot, das durch eine Reihe von Produzenten in ähnlicher Form gestellt wird, steht eine eher geringe Nachfrage von Konsumenten gegenüber. Damit müssen sich die Anbieter zentral auf die Wünsche der Nachfrager konzentrieren und müssen ihr Angebot entsprechend steuern. Die Tourismusfirmen müssen sich entsprechend kundenorientiert aufstellen.

Aufgabe 3

Das Tourismus Marketing hat sich im Zeitablauf drastisch verändert. In den 50er Jahren begann das Tourismus Marketing in seiner ersten Phase in einem klassischen Verkäufermarkt, der Markt war fast unbegrenzt aufnahmefähig.

In den 60er Jahren wuchs der Markt weiter, so dass sich Touristikkonzerne bildeten und eine Marktkonzentration einsetzte. Die Unternehmen wurden vor Finanzprobleme gestellt, um das Wachstum zu finanzieren. In den 70er Jahren schritt die Konzentration voran, das Angebot überstieg die Nachfrage. Aus dem Verkäufermarkt der 50er Jahre wurde der Käufermarkt, der bis heute besteht. Immer stärker wurden marketingpolitische Instrumente eingesetzt, um den Käufer anzusprechen.

Das heutige Tourismus Marketing wird durch verschiedene Merkmale geprägt:

- horizontal konzentrierte Touristikunternehmen,

- Unternehmen werden nach Shareholder und Stakeholder Value-Gesichtspunkten gesteuert,

- Umweltmanagement tritt in den Mittelpunkt,

- kontinuierliche Verbesserungsprozesse sind nötig, um im Markt bestehen zu können,

- Kundenbindung ist zentrale Notwendigkeit der Unternehmen.

Aufgabe 4

- Marktforschung und Umfeldanalyse: der Sachverhalt wird im Rahmen der Marktforschung analysiert.

- Zielformulierung: aus den Ergebnissen der Marktforschung werden die Ziele für das Marketing identifiziert und formuliert.

- Strategiefestlegung: die für die Erreichung des Zieles gewählte Stra-tegie wird ausgewählt.

- Marketing-Mix: der geeignete Marketing-Mix wird festgelegt.

- Marketingcontrolling: der Marketing-Mix wird hinsichtlich der Zieler-
reichung überwacht.

Aufgabe 5

Die Marktforschung hat die Aufgabe, die systematische Beschaffung,
Verarbeitung und Analyse von marktrelevanten Informationen und Tatbeständen der Gegenwart im Hinblick auf die Beantwortung von Marketingfragen zu erfüllen.

Aufgabe 6

Während die quantitative Marktforschung Quantitäten erfasst und damit
den Ist-Zustand misst, versucht die qualitative Marktforschung, Einstellungen, Meinungen oder Motive zu erforschen. Die Frage geht hier also
nach dem Grund für das Verhalten, etwa von Touristen.

Aufgabe 7

Die Primärforschung greift auf Methoden der direkten Kundenansprache
zurück, während in der Sekundärforschung bestehende Daten und Informationen ausgewertet werden, die aus anderen Gründen gesammelt
wurden.

Aufgabe 8

- Unterlagen des Rechnungswesens

- Allgemeine Statistiken

- Vertriebsstatistiken

- Berichte und Meldungen des Außendienstes

- Frühere Primärerhebungen, die für neue Problemstellungen ausgewertet werden

- Statistisches Bundesamt

- Handwerkskammer

- Bundesstelle für Außenhandelsinformationen (BfAI)

- Deutsche Auslands-Handelskammer, UNO, Weltbank

- Wirtschaftswissenschaftliche Institute

- Kreditinstitute

- Universitäten

- Werbeträger

- Marktforschungs-Institute

- Fachbücher und –zeitschriften

- Firmenverlautbarungen

- Tagungen, Messe

- Internet

Aufgabe 9

Die Vorteile der Sekundärforschung lassen sich wie folgt zusammen:

• Schnelle Beschaffung der Information

• Geringe Kosten

• Teilweise einzig verfügbare Quelle (z.B. Bevölkerungsstatistik)

• Unterstützung der Problemdefinition

• Unterstützung der Durchführung und Interpretation der Primärforschung

Neben diesen Vorteilen bestehen aber auch eine Reihe von Nachteilen:

- Informationen sind nicht vorhanden

- Geringe Aktualität

- unspezifisch

- Exklusivität fehlt

- zu hohe Aggregation

- oft fehlen Angaben zur Erhebungsmethodik

Aufgabe 10

1. Befragung (Kunden werden befragt)

2. Beobachtung (Kunden werden beobachtet)

3. Experiment

4. Panel

Aufgabe 11

Bei einer Marktanalyse findet eine einmalige, auf einen bestimmten Zeitpunkt bezogene Analyse eines abgegrenzten Marktes statt. Davon zu trennen ist die Marktbeobachtung, bei der ein abgegrenzter Markt über einen längeren Zeitraum betrachtet wird.

Aufgabe 12

Zu unterscheiden sind der Marktanteil und das Marktpotenzial:

- Marktanteil ist der Ist-Anteil eines Unternehmens am relevanten Markt

- Marktsättigung ist der Anteil des relevanten Marktes am gesamten Marktpotenzial

Aufgabe 13

Unter der Marktsegmentierung versteht man die die Aufteilung eines Gesamtmarktes in Untergruppen. Dabei ist der Anspruch zu stellen, dass die Untergruppen bezüglich ihrer Marktreaktion intern homogen und untereinander heterogen reagieren.

Die Marktsegmentierung besteht aus folgenden Schritten:

1. Markterfassung,

2. Marktaufteilung und

3. Marktbearbeitung

Nach der Marktbearbeitung wird das Marktsegment mit den geeigneten Marketinginstrumenten bearbeitet.

Aufgabe 14

Marketingziele sind die angestrebten zukünftigen Zustände, die durch Entschei-dungen erreicht werden sollen. Aus den Marketzingzielen werden die Marketing-strategien entwickelt und aus diesen die operative Umsetzung im Rahmen des Marketing-Mix.

Aufgabe 15

Im Tourismusmarkt muss die Marketingstrategie generell eine kunden-orientierte sein, da sich dieser Markt zu einem Käufermarkt gewandelt hat. Primäre Aufgabe ist es damit, die geeigneten Kundengruppen aus-zuwählen und entsprechende Marketingaktivitäten zu starten.

Aufgabe 16

Ökonomische Marketingziele umfassen quantitative Größen wir Umsatz, Marktanteil oder Ergebnis.

Aufgabe 17

Strategische Marketingziele sind beispielsweise:

- Marktdurchdringung: mit den gleichen Produkten soll ein größerer Anteil an der der Zielgruppe erreicht werden. Beispiele für Marktdurchdringung:

  o Erhöhtes Cross-Selling, um bestehende Kunden weiter zu binden,

  o Neukundengewinnung,

  o Abwerbung von Kunden von Mitbewerbern.

- Marktentwicklung: es werden neue Zielgruppen für die bestehenden Kunden angesprochen. Beispiele für die Marktentwicklung

  o Erschließung neuer Absatzgebiete oder neuer Verwendungsbereiche,

  o Erweiterung des Produktsortiments,

  o Angebot an neue Zielgruppen.

- Diversifikationsstrategie: es werden neue Zielgruppen für neue Kunden angesprochen.

Aufgabe 18

Beispiele für Marketingstrategien sind:

- Preisführrerschaft,

- Kostenführerschaft,

- Qualitätsführerschaft,

- Innovationsführerschaft

Aufgabe 19

Unter einer Wettbewerbsstrategie versteht man eine am Wettbewerber orientierte Geschäftspolitik, wobei man versucht, die Branchenposition zu verbessern. Typi-sche Instrumente sind:

- die Kostenführerschaft oder

- die Differenzierung.

Bei der Kostenführerschaft versucht das Unternehmen, der kostengünstigste Anbieter einer Branche zu werden. Bei der Differenzierung versucht man hingegen, sich mit seinen Produkten gegenüber dem Wettbewerb zu differenzieren.

Aufgabe 20

In der SWOT-Analyse werden die Stärken (Strength), Schwächen (Weaknesses), Chancen (Opportunities) und Risiken (Threats) des Unternehmens dargestellt. Typische Chancen in der Tourismusindustrie sind:

- Trend zu Nischenprodukten bzw. zielgruppenspezifischem Angebot (Golfreisen etc.),

- Trend zu nachhaltigem Tourismus,

- Sicherheitsbedürfnis der Touristen steigt,

- etc.

Die typischen Risiken sind:

- Umweltprobleme werden größer,

- Preisniveau ist hoch,

- Verkehrsprobleme

- etc.

Aufgabe 21

Unter dem Produktlebenszyklus versteht man den Prozess zwischen der Markteinführung bzw. Fertigstellung eines marktfähigen Gutes und seiner Herausnahme aus dem Markt. Man unterteilt dabei das „Leben" des Produktes in folgende vier Phasen:

- Entwicklung und Einführung: hohe Kosten für Werbung und Vertrieb bei geringen Umsätzen, unbekannte Zielgruppe,

- Wachstum: Ansteigen der Umsätze, positive Ergebnisentwicklung, Marktanteile steigen, erste Akzeptanz des Produktes,

- Reife/Sättigung: Produkt wird vollumfänglich akzeptiert, Wachstum flacht ab, Wettbewerb steigt, Umsatz und Ergebnis stagnieren oder gehen langsam zurück,

- Schrumpfung/Degeneration: Nachfrage sinkt, Umsätze und Gewinne sinken, Etablierung von Produktvariationen oder Rückzug aus dem Markt.

Aufgabe 22

Die Portfolio-Analyse stammt aus der Finanzwirtschaft und wurde ursprünglich für die Ermittlung des optimalen Portfolios geschaffen.

190

Die Boston Consulting Group (BCG) hat hieraus das Marktwachstum-Marktanteil-Portfolio entwickelt, das anhand der Kritierien Marktwachstum und Marktanteil die Geschäftseinheiten eines Unternehmens einordnet.

Folgende Empfehlungen bestehen für die vier Felder der Matrix:

- Cash-cows: Gewinne abschöpfen

- Stars: Marktanteil halten oder ausbauen

- Fragezeichen: bei hohem Wachstum ist der Marktanteil noch niedrig. Hier liegen die Zukunftshoffnungen des Unternehmens

- Arme Hunde: Marktanteil senken oder Geschäftseinheit veräußern

Aufgabe 23

Das Unternehmensleitbild wird durch die Werte und Grundeinstellungen des Managements gebildet. Diese sind natürlich abhängig von den gesamtgesellschaftlichen Umweltfaktoren wie der Kultur.

Aufgabe 24

Die Corporate Identity ist vom Unternehmen selbst gewählte Identität, durch die man sich am Markt positioniert bzw. versucht, Mitarbeiter ans Unternehmen zu binden.

Aufgabe 25

- Zielgröße

- Objektbezug

- Käufersegmentbezug

- Ausmaß des Zieles

- Zeitbezug

Aufgabe 26

- Marktfeldstrategien:

  o Marktdurchdringung: altes Produkt im alten Markt

  o Marktentwicklung: altes Produkt im neuen Markt

  o Produktentwicklung: neues Produkt im alten Markt

  o Produktdiversifikation: neues Produkt im neuen Markt

- Marktstimulierungsstrategie

  o Präferenzstrategie: Qualitätsführerschaft

  o Preis-/Mengenstrategie: Kosten- und Preisführerschaft

- Marktparzellierungsstrategien

  o Massenmarktstrategie

  o Segmentierungsstrategie

Aufgabe 27

Unter Marketing-Mix versteht man die Auswahl, Gewichtung und Ausgestaltung der absatzpolitischen Marketinginstrumente. Der Marketing-Mix enthält im Tourismus Marketing die drei Teile

- Leistungspolitik,

- Kommunikationspolitik und

- Distributionspolitik.

Die Leistungspolitik enthält Produkt- und Preispolitik, die in anderen Branchen gleichgestellt mit Kommunikations- und Distributionspolitik sind, hier aber nur Teil der Leistungspolitik sind.

Aufgabe 28

Die Produktpolitik nimmt innerhalb des Marketing-Mix eine hervorgehobene Position ein. Sie wird auch als „Herz des Marketing" bezeichnet. So hat die Produktpolitik die

- Entwicklung neuer Erzeugnisse sowie die

- Verbesserung, Ergänzung und Elimination vorhandener Produkte im Sinne von einer attraktiven Gestaltung des Absatzprogramms

zur Aufgabe. Für die Überlebensfähigkeit des Unternehmens ist dies im Wettbewerb von zentraler Bedeutung. Ein auf den Nachfrager ausgerichtetes Leistungsprogramm soll die Erreichung der Marketing- und Unternehmensziele langfristig garantieren.

Als zentrale Zielsetzung der Produktpolitik ist die Ausrichtung des Angebotsprogramms an den Bedürfnissen der Nachfrager, zu verstehen, um dadurch einen dauerhaften Wettbewerbsvorteil zu generieren. Werden alle angebotenen Produkte bezüglich derer Funktion, Qualität, Design und symbolischen Nutzen den Erwartungen der Nachfrager gerecht, kann die zentrale Zielsetzung erreicht werden.

Die Instrumente der Produktpolitik sind:

- Produktinnovation: das Schaffen neuer Produkte,

- Produktvariation: die Veränderung bestehender Produkte,

- Produktelimination: die Herausnahme von Produkten aus dem Angebot.

Aufgabe 29

Die Skimmingstrategie, auch Skimming Pricing oder Abschöpfungspreissetzung genannt, beinhaltet eine sukzessive Preissenkung im Zeitablauf eines Produktes. Bei Angebotsbeginn kommt es durch die Nutzung der niedrigen Preiselastizität der Nachfrage zur Abschöpfung der Konsumentenrente.

Aufgabe 30

Von einer Premium- oder Prämienstrategie wird im Fall einer Hochpreisstrategie gesprochen. Nicht der Preis, sondern die angebotene Leistung steht dabei im Fokus.

Ziel: Angebot eines überlegenen Nutzens zu einem sogenannten Prämienpreis

Der von dem Nachfrager subjektiv empfundene Wert (Value) des Produktes ist Grundlage der Preisfestsetzung (Value Pricing). Der Nutzen lässt sich nicht allein aus der Produktqualität ziehen. Er setzt sich aus der Gestaltung aller Marketinginstrumente zusammen. Jene Unternehmen, welche eine Premiumstrategie verfolgen, müssen in der Lage sein, einen im Vergleich zur Konkurrenz spürbar höheren Preis über einen längeren Zeitraum zu verteidigen. Folglich kann dies zu extrem hohen Gewinnen führen, sofern der Mehrumsatz nicht durch äußerst hohen Kosten aufgebraucht wird.

Aufgabe 31

Die Penetrationsstrategie, auch Penetrationspreissetzung genannt, beinhaltet eine sukzessive Preiserhöhung im Zeitablauf eines Produktes. Die schnelle Gewinnung von Marktanteilen ist das Hauptziel.

Unter folgenden Bedingungen ist die Anwendung der Penetrationsstrategie sinnvoll:

- auf dem Markt werden bereits funktional gleiche oder ähnliche Produkte zu höheren Preisen angeboten; Nachfrager können mit ihrer bisherigen Kauferfahrung innerhalb der Warengruppe die Qualität des Neuprodukts besser bewerten und empfinden ein geringes Kaufrisiko

- Aufbau von Markteintrittsbarrieren

- Preissensible Marktsegmente

- Markenimage

Aufgabe 32

Promotions gelten als Engagement und positives Signal der Hersteller gegenüber den Wiederverkäufern, deren Gunst für das Produkt gesteigert werden soll. Mit Hilfe der Promotionsstrategie soll in hohem Maße Aufmerksamkeit auf das jeweilige Produkt erregt und der Markenwert gestärkt werden. Weitere Aufgaben und Ziele der Promotionsstrategie lauten:

- Gewinn neuer Kunden für den Erst- und späteren Wiederkauf → Erhöhung der Marktanteile

- Kurzfristige Steigerung des Absatzes

- Reduzierung von Lagerbeständen

- Erhöhung des Kundenverkehrs am Verkaufspunkt → Erzeugung von Cross-Selling-Effekte

- Nachhaltige Steigerung der Erträgen von Herstellern und Händlern

Untersuchungen der Ertragseffekte von Promotions haben ergeben, dass Preisreduktion, Organisation und Bewerbung der Sonderaktionen oft derart kostspielig sind, dass die erlangten Mehreinnahmen die verursachten Kosten nicht ausgleichen können. Erschwerend kommt hinzu, dass die getätigten Preisnachlässe Langzeiteffekte aufweisen, die zu einem Preisniveau führen, welches langfristig unter dem vor Aktionsstart liegt.

Aufgabe 33

Die Konditionenpolitik gestaltet die Rahmenbedingungen für das Angebot von Produkten und Dienstleistungen. Sie kann auf der Anbieterseite als Modifikation des Grundpreises, mit dem Ziel, den Kunden zu beeinflussen, angesehen werden. Zu den Elementen der Konditionenpolitik gehören:

- Rabattpolitik

  Bei der Rabattgewährung wird ein prozentualer oder absoluter Abschlag auf den Endverbraucher- oder Herstellerabgabepreis vorgenommen.

- Lieferungs- und Zahlungsbedingungen

  Lieferungs-und Zahlungsbedingungen stellen im Rahmen eines Kaufvertrages einen Katalog von Bestimmungen und Regelungen dar, welche den Inhalt und das Ausmaß der angebotenen bzw. erbrachten Leistungen spezifizieren.

Aufgabe 34

- in welchem Gebiet soll geworben werden?
- welche Medien soll eingesetzt werden?
- wie soll das Budget auf die einzelnen Medien verteilt werden?
- wann und wie oft soll geworben werden?
- in welcher Größe, in welchen Farben, in welchem Druck soll geworben werden?

Aufgabe 35

- Bestimmung der Werbeziele,
- Bestimmung des Budgets,
- Aufteilung des Budgets auf die einzelnen Werbeträger,
- Abgrenzung der Zielgruppen,
- Formulierung der zentralen Werbebotschaft,
- Werbemittelgestaltung verbunden mit der Intermediaselektion,
- Intramediaselektion,
- zeitliche Verteilung des Budgets,
- Kontrolle

Aufgabe 36

- die Auswahl der Werbeobjekte muss sich vorrangig am Kunden orientieren, vor allem wenn sich bestimmte Objekte (z. B. Sonderangebote) für zielgruppenspezifische Werbemaßnahmen eignen

- da das Werbebudget meist finanziellen Restriktionen unterliegt, ich es nicht immer möglich, alle erfolgversprechenden Werbeobjekte in die Werbemaßnahmen einzubeziehen bzw. diese mit der gewünschten Intensität herauszustellen

- Einfluss von im voraus getroffenen Entscheidungen hinsichtlich der Werbemittel oder pauschal belegter Werbeträger

Aufgabe 37

Das Marketing-Controlling hat die Aufgabe, die Planung, Steuerung und Kontrolle des Marketings zu übernehmen. Als Subaufgaben ergeben sich dabei:

- Entwicklung von Planungsrichtlinien für das Marketing,

- Entwicklung des Marketingbudgets aus dem Gesamtbudget,

- Ermittlung von Kennzahlen für das Marketing,

- Entwicklung eines Marketinginformationssystems als Teil des MIS,

- usw.

Aufgabe 38

Die wichtigsten Methoden des Marketing-Controllings sind:

- Deckungsbeitragsrechnung,

- Portfolio-Matrix,

- Umsatzanalysen,

- Marktanteilsanalysen,

- Cashflow-Analysen,

- ABC-Analysen,

- Benchmarking,

- Betrachtung des Produktlebenszyklusses,

- etc.

Aufgaben zu Betriebsspezifisches Management

Aufgabe 1

Auf welchen Ebenen lässt sich der Begriff der Destination nutzen?

Aufgabe 2

Wozu können Kuren dienen?

Aufgabe 3

Welche Bezeichnungen können Orte durch die Prädikatisierung erreichen?

Aufgabe 4

Was sind die Mindestanforderungen an die Erlangung eines staatlichen Prädikats als Kurort?

Aufgabe 5

Was sind die fünf Elemente der „Kneippkur"?

Aufgabe 6

Nennen Sie die Zahlen für Kurorte in Deutschland und die Zahl der Arbeitnehmer sowie die wirtschaftliche Bedeutung!

Aufgabe 7

Welche Rechtsformen können Kurverwaltungen haben?

Aufgabe 8

Über welche Finanzierungsformen können sich Kurverwaltungen finanzieren?

Aufgabe 9

Nennen Sie Möglichkeiten, Hotels zu klassifizieren!

Aufgabe 10

Beschreiben Sie die Marktstrukturen im Hotelwesen!

Aufgabe 11

Was sind die typischen Aufgaben des Hotelmanagements im Marketing?

Aufgabe 12

Welchem grundlegenden finanziellen Problem stehen Hotels gegenüber?

Aufgabe 13

Was ist ein Budget?

Aufgabe 14

Welche Funktionen haben Budgets?

Aufgabe 15

Was ist die ICAO?

Aufgabe 16

Was sind die „Freiheiten der Lüfte"?

Aufgabe 17

Was ist die IATA?

Aufgabe 18

Wie sind die Marktstrukturen im Luftverkehr?

Aufgabe 19

Erläutern Sie die Begriffe Netzfluggesellschaft, Low-Cost-Fluggesellschaft und Charterfluggesellschaft!

Aufgabe 20

Nennen Sie bedeutende Reedereien im Kreuzfahrtgeschäft!

Aufgabe 21

Nennen Sie neben der Kreuzfahrt weitere Segmente des Schifffahrttourismus!

Aufgabe 22

Erläutern Sie die wichtigsten Formen der Zusammenarbeit zwischen Reederei und Kreuzfahrtveranstalter!

Aufgabe 23

Nennen Sie bedeutende Ferienparks!

Aufgabe 24

Was sind die wichtigsten Trends im Bereich der Ferienparks?

Aufgabe 25

Welche regionale wirtschaftliche Bedeutung haben Ferienparks?

Aufgabe 26

Erläutern Sie die wesentlichen Regeln des Reisevertragsrechts!

Aufgabe 27

Nennen Sie die wichtigsten Provisionsarten!

Lösungen zu Betriebsspezifisches Management

Aufgabe 1

Der Begriff der Destination wird auf verschiedenen Ebenen unterschiedlich genutzt:

- auf betrieblicher Ebene wird unter Destination das Resort oder der Beherbungsbetrieb verstanden, der ein Alleinstellungsmerkmal (USP) aufweist;

- auf örtlicher Ebene versteht man unter Destination den Tourismusort als Wettbewerbseinheit, die eine eigene Tourismusstelle betreibt. Die Leistungsträger vor Ort sind eigenständige Unternehmen, die wirtschaftlich unabhängig sind;

- auf regionaler Ebene ist Destination die Region, die geografisch abgeschlossen gegen andere Regionen ist und ein touristisches Selbstverständnis aufweist;

- auf überregionaler Ebene ist Destination das Land, das überregional die Interessenvertretung für die eigentlichen Destinationen übernimmt. Sie ist aber keine Destination im eigentlichen Sinne.

Aufgabe 2

Kuren dienen generell

- der Prävention, d. h. der Gesundheitsvorsorge bzw. Gesundheitserhaltung, oder

- der Rehabilitation, d. h. der Wiederherstellung der Gesundheit.

Kuren können ambulant oder stationär genutzt werden.

Aufgabe 3

Generell wird der Begriff des Kurortes durch die jeweiligen Kurortgesetze und Verordnungen in den einzelnen Bundesländern geregelt. Vorbild für diese sind jeweils die Begriffsbestimmungen des Deutschen Heilbäderverbandes. Danach ergeben sich für Orte die Möglichkeiten die Einstufung als:

- Erholungsort,

- Luftkurort,

- Orte mit Kurbetrieben,

- Kurorte sowie

- Heilbäder.

Aufgabe 4

- natürliche Heilmittel in Boden, Meer und Klima,

- Vorhandensein von Kureinrichtungen,

- der Charakter eines Kurortes,

- wissenschaftliche Bestätigung des Heilcharakters.

Aufgabe 5

- Hydrotherapie,

- Bewegungstherapie,

- Ernährungsbehandlung,

- Pflanzentherapie,

- Ordnungstherapie

Aufgabe 6

Insgesamt gibt es in Deutschland rund 350 staatlich anerkannte Kurorte, d. h. prädikatisierte Kurorte. Zusätzlich gibt es rund 1.500 Luftkurorte und viele weitere Erholungsorte. Insgesamt beschäftigen die Betriebe rund 350.000 Arbeitnehmer. In den Kurorten wird ein Gesamtumsatz von fast 30 Mrd. € erzielt. Damit steht dies für den drittgrößten Anteil am touristischen Bruttoinlandsprodukt nach Autoindustrie und reinem Tourismus.

Aufgabe 7

- GmbH: juristische Person mit Mindeststammkapital von 25.000 €. Haftung auf das Gesellschaftsvermögen beschränkt. Leitung erfolgt durch den/die Geschäftsführer.

- GmbH & Co. KG: Kommanditgesellschaft, deren Komplementär eine GmbH ist. Haftung ist damit beschränkt, ohne Vorteile der Kommanditgesellschaft aufgeben zu müssen. Geschäftsführung obliegt dem Komplementär, also dem Vertreter der GmbH.

- AG: für Kurverwaltungen kommt die kleine AG infrage, die schon von einer Person gegründet werden kann. Damit sind die Vorteile der AG auch für Kurverwaltungen nutzbar, ohne die Nachteile der „großen" AG in Kauf nehmen zu müssen.

Aufgabe 8

- Kurtaxe: Gemeinden erheben zur teilweisen Deckung der von ihnen bereitgestellten Einrichtungen die Kurtaxe. Sie wird durch die Satzung genehmigt und sichert der Kommune planbare Einnahmen. Allerdings gibt es bei der Kurtaxe häufiger Streitigkeiten darüber, wer sie tatsächlich bezahlen muss.

- Fremdenverkehrsabgabe: wird von allen gezahlt, die aus dem Kurbetrieb oder dem Fremdverkehr mittelbar oder unmittelbar wirtschaftliche Vorteile erzielen. Sie wird durch die Satzung der Gemeinde bestimmt. Die Einnahmen sind planbar, aber sind nur durch komplizierte Erhebungsverfahren zu erreichen.

- Sponsoring: hier werden durch einen Externen Geld-, Sachmittel oder Know-how bereitgestellt, die mindestens für einen temporären Zeitraum eine Finanzgrundlage liefern. Vorteil: fremde Mittel werden verwendet, Nachteil: Beeinflussbarkeit durch den Sponsor.

- Kommerzialisierung: hier wird der Tourismus als kommerzielle Leistung betrachtet, bei der die Kosten des Tourismus durch entsprechende Gegenleistungen eingespielt werden. Vorteil: Kosten werden transparent gemacht, Nachteil: Gäste müssen für Leistung zahlen, von der sie dies nicht gewohnt waren/sind.

Aufgabe 9

Hotels lassen sich nach unterschiedlichen Kriterien klassifizieren:

- nach ihrer Klasse (Zahl der Sterne, etc.),

- nach dem überwiegenden Aufenthaltszweck des Gastes (Urlaub, Geschäftsreise, etc.),

- dem Standort (Stadthotel, Berghotel, etc.),

- der Betriebsform (Eigenbetrieb, gepachteter Betrieb, etc.),

- etc.

Aufgabe 10

Der Hotelmarkt wird neben einigen großen Ketten durch eine Vielzahl kleiner Hotels geprägt, die sich einzeln im Markt befinden.

Aufgabe 11

- laufende Beobachtung des Marktes,

- Erstellung von Marktanalysen,

- Erstellung von Marktprognosen,

- Planung der Marketingstrategie,

- Planung, Kontrolle und Steuerung des Marketingetats,

- Planung, Kontrolle und Steuerung der Marketingmaßnahmen,

- usw.

Aufgabe 12

Der Hotelmarkt ist durch bestimmte Probleme gekennzeichnet:

- (fast) konstantes Angebot an Zimmern steht stark schwankende Nachfrage gegenüber,

- hoher Fixkostenanteil durch hohen Anteil an Anlagevermögen,

- hohe Personalintensität.

Grundsätzlich ist durch den Fixkostenanteil erst bei relativ hoher Auslastung der Break-even erreicht. Damit ist primäres Ziel eines Hotels, eine hohe Auslastung zu erreichen.

Aufgabe 13

Unter einem Budget versteht man einen Finanzplan, in dem für einen bestimmten Zeitraum – beispielsweise ein Jahr – die Einnahmen und Ausgaben (oder auch Erträge/Aufwendungen o. ä.) für eine Organisationseinheit – eine ganze Unternehmung, eine Stelle, usw. – gegenübergestellt werden.

Aufgabe 14

- Prognosefunktion

- Kontrollfunktion

- Motivationsfunktion

- Koordinationsfunktion

- Bewilligungsfunktion

Aufgabe 15

Als Sonderorganisation der Vereinten Nationen hat die International Civil Aviation Organization (ICAO) die Aufgabe, den internationalen Luftverkehr zu regeln, die so genannten „Freiheiten der Lüfte". Daneben teilt die ICAO etwa die ICAO-Codes für Länder und Flugzeugtypen zu.

Aufgabe 16

Die „Freiheiten der Lüfte" können sich Vertragspartner gewähren und teilen sich in neun Situationen auf:

- Überflug: die Fluggesellschaft darf vom Heimstaat das Land A überfliegen, um in Land B zu landen;

- Technische Zwischenlandung: Recht auf Zwischenlandung, um nicht kommerzielle Zwecke zu erfüllen, beispielsweise um zu tanken;

- direkter Transport (bringen): das Recht, Passagiere oder Fracht vom Heimatstaat der Fluggesellschaft ins Ausland zu befördern;

- direkter Transport (holen): das Recht, Passagiere oder Fracht vom Ausland in das Heimatstaat der Fluggesellschaft zu befördern;

- Transport zwischen fremden Staaten (Start- oder Endpunkt im Heimatstaat): die Fluggesellschaft darf vom Heimatstaat beförderte Passagiere oder Fracht nach Land A bringen, um dort Passagiere aufzunehmen und in Land B zu bringen, um von dort wieder Passagiere in Land A zu bringen und zurück in den Heimatstaat.

- Transport zwischen fremden Staaten (Zwischenland im Heimatstaat): Fluggesellschaft aus Heimatstaat beförderte Passagiere oder Fracht nach Land A, darf dort Passagiere aufnehmen und diese nach Land B bringen. Passagiere können in Land B aufgenommen werden und nach Land A gebracht werden, um dort Passagiere wieder aufzunehmen und zum Heimatstaat zu bringen.

- Transport zwischen fremden Staaten (mit Zwischenland im Heimatstaat): Fluggesellschaft befördert Passagiere oder Fracht von Land A nach Land B mit Zwischenlandung im Heimatstaat;

- Transport zwischen fremden Staaten (ohne Berührung des Heimatstaates): eine Fluggesellschaft befördert von Land A nach Land B ohne Zwischenlandung im Heimatstaat;

- aufeinanderfolgende Kabotage: eine Fluggesellschaft befördert Passagiere oder Fracht innerhalb eines anderen Staates, beispielsweise vom Heimatstaat in Land A und von dort innerhalb des Landes A in eine andere Stadt;

- unabhängige Kabotage: eine Fluggesellschaft befördert Passagiere oder Fracht innerhalb eines anderen Staates ohne Berührung
eines weiteren Staates, d. h. auch ohne Berührung des Heimatstaates.

Aufgabe 17

Als internationale Vereinigung der Fluggesellschaften besteht die International Air-Transport Association (IATA). Ihre Zielsetzung ist die Förderung des sicheren, planmäßigen und wirtschaftlichen Transportes von
Menschen und Gütern in der Luft.

Die IATA nimmt auch Einfluss auf die Preisfestlegung, so dass es eine
Art des Preiskartells ist. Zur Identifizierbarkeit von Flughäfen, Fluggesellschaften und Flugzeugtypen sorgen die IATA Codes. Weiterhin definiert
die IATA Sicherheitsstandards, die von den Mitgliedsgesellschaften einzuhalten sind.

Aufgabe 18

Gerade im Bereich der Fluggesellschaften hat die Bildung von Allianzen
zu einer Art von Kooperationen geführt (Beispiele: Star Alliance, Oneworld etc.). Ziel ist es, flächendeckende Netze aufzubauen und durch
das gemeinsame Flottenmanagement oder die Nutzung von Slots Skalenvorteile zu erzielen. Beispielsweise werden durch erhöhte Abflugfrequenzen Zeitvorteile erzielt.

Durch Code-Sharing wird damit auch das Kabotageverbot umgangen, so
dass – bei optimaler Ausnutzung – ein weltweites flächendeckendes
Netz entstehen kann, das enge Zeitfenster bei kostenoptimalem Angebot
ergibt. Unter Kabotage versteht man das Erbringen von Transportleis-

tungen innerhalb eines Landes durch ein ausländisches Verkehrsunternehmen.

Durch die Kooperationen sind Fluggesellschaften darüber hinaus in der Lage, neue Kunden und eine deutliche Verbesserung der Verbindungsqualität zu erreichen.

Aufgabe 19

- Netzfluggesellschaften: bieten weltweite Streckennetze an, es werden in der Regel Zwei- oder Dreiklassensysteme angeboten, bieten meistens vollumfängliche Leistungen an;

- Low-Cost-Fluggesellschaften: bieten in der Regel nur Flüge zwischen Randflughäfen an, niedrige Preise, nur eine Passagierklasse, ausschließlich Direktflüge, einfache Leistungen, Zusatzleistungen müssen zusätzlich bezahlt werden;

- Charterfluggesellschaften: genehmigungspflichtiger, nicht öffentlicher Flugverkehr, wird überwiegend auf touristischen Strecken angeboten, Sitzplätze werden an Reiseveranstalter verkauft, die diese mit anderen Produkten bündeln, auf Kurzstrecken eine Klasse, auf Langstrecken zwei Klassen, reduzierte Leistungen an Bord.

Aufgabe 20

- Royal Caribbean International,

- Carnival Cruise Lines,

- Princess Cruises

Aufgabe 21

Im Unterschied zur Kreuzfahrt sind Flusskreuzfahrten bezogen auf Reisen über einen Fluss, beispielsweise quer durch Europa.

Ein weiterer Bereich der Schifffahrt sind Fähren. Diese befördern Personen von einem bestimmten Ort zu einem anderen, in der Regel für einen Wochenend- oder Erlebnistrip. Es handelt sich hier um eine preiswerte Art der Überfahrt.

Weiterhin existieren Boots- und Yachtcharter. Bootscharter werden auf Flüssen angeboten, Yachtcharter eher auf Hochsee und mit der Möglichkeit, eine Besatzung mit zu chartern.

Eine besondere Form der Reise ist die mit Fracht-/Containerschiffen. Hier wird der Passagier exklusiv in einer Offizierskabine untergebracht. Es gibt keine festen Routen, sondern es werden die Häfen angesteuert, in denen Ladung gelöscht wird.

Aufgabe 22

- Vollcharter: ein Veranstalter chartert das gesamte Schiff für einen bestimmten Zeithorizont. Volles Risiko liegt beim Veranstalter, der die gesamten Kosten trägt;

- Teil- oder Blockcharter: Reederei legt Strecke und Preis fest. Veranstalter kauft nur bestimmte Teile und verkauft diese weiter. Es besteht ein direkter Preisvergleich mit anderen Anbietern;

- GSA/GV-Basis: meist ausländische Reederei sucht Veranstalter aus, der die Vermarktung gegen Pauschale und erfolgsabhängig Vergütung übernimmt;

- Provisionsbasis: Reederei stellt Route und Katalog zusammen, Veranstalter verkauft diese nur gegen Provision, übernimmt das für die Kosten für die Werbung, etc. Bucht ein Reisebüro aus dem Prospekt, tritt es selbst als Reiseveranstalter auf.

Aufgabe 23

Beispiele:

- Europa-Park in Rust,

- Heide-Park in Soltau,

- Legoland in Günzburg,

- Phantasialand in Brühl

Aufgabe 24

- stärkere Verbindung mit Übernachtungsmöglichkeiten (Hotels, Campingplätze, etc.),

- aufgrund der wirtschaftlichen Lage werden keine neuen Parks eröffnet und kleinere, alte Parks geschlossen,

- Ferienparks werden von Großkonzernen übernommen, die Skaleneffekte aus der Verbindung mehrerer Parks ausnutzen,

- stärkerer Vertrieb übers Internet,

Aufgabe 25

Ferienparks bieten häufig Arbeitsplätze für ungelernte Mitarbeiter. Aufgrund der technischen Sonderausstattung werden aber örtliche Unternehmen nicht beauftragt, sondern Aufträge an Spezialunternehmen vergeben. Örtliche Unternehmen werden eher für allgemeine Wartungsaufgaben etc. beauftragt.

216

Aufgabe 26

Reisemittler sind nach dem Reisevertragsrecht grundsätzlich als Beratungs- und Verkaufsagentur von der Haftung ausgenommen. Davon unabhängig muss der Reisemittler in bestimmten Fällen aber dennoch haften:

- Verletzung der Informations- und Sorgfaltspflichten: beispielsweise Weitergabe der persönlichen Daten des Kunden an eine falsche Stelle,

- fehlender Vermittlungserfolg: gebuchte Reise wird fälschlicherweise nicht oder nicht richtig beim Reiseveranstalter gebucht;

- Verschweigen des billigsten Angebotes: bei ausdrücklicher Nachfrage des Kunden danach;

- fehlende Hinweise im Reisebüro: Hinweispflicht für bestimmte Reklamationen;

- usw.

Aufgabe 27

- Grundprovision: wird für jede Reise unter Beachtung eines vereinbarten Mindestumsatzes gezahlt;

- Umsatzstaffelprovision: steigende Provision bei höherem Umsatz;

- progressive Staffelprovision: bei steigendem Umsatz gegenüber Vorjahr wird für den Mehrumsatz eine höhere Provision gezahlt;

- retroaktive Staffelprovision: Provisionshöhe hängt vom Vorjahresumsatzvergleich ab;

- Zusatzprovision: wird zusätzlich zu Grund- und Staffelprovision gezahlt.